商业新闻出版公司和轻松读文化事业有限公司提供内容支持

成功加速度

浓缩书编辑部　编

中国盲文出版社

图书在版编目（CIP）数据

成功加速度：大字版 / 浓缩书编辑部编 .—北京：中国盲文出版社，2015.12

（速读大师）

ISBN 978—7—5002—6935—9

Ⅰ.①成… Ⅱ.①浓… Ⅲ.①成功心理—通俗读物 Ⅳ.①B848.4–49

中国版本图书馆 CIP 数据核字（2015）第 310403 号

本书由轻松读文化事业有限公司授权出版

成功加速度

编　　者：浓缩书编辑部
出版发行：中国盲文出版社
社　　址：北京市西城区太平街甲 6 号
邮政编码：100050
印　　刷：北京汇林印务有限公司
经　　销：新华书店
开　　本：787 × 1092　1/16
字　　数：75 千字
印　　张：12.75
版　　次：2015 年 12 月第 1 版　2017 年 3 月第 2 次印刷
书　　号：ISBN 978—7—5002—6935—9/B · 296
定　　价：28.00 元
销售热线：（010）83190289　83190292　83190297

出版前言

数字文明为我们求知问道、拓展格局带来空前便利，同时也使我们深受信息过剩、知识爆炸的困扰。面对海量信息，闭目塞听、望洋兴叹固非良策，不分主次、照单全收更无可能。时代快速变化，竞争不断升级，要想克服本领恐慌，防止无知而盲、少知而迷，需尽可能将主流社会的最新智力成果内化于心、外化于行，如此才能更好地顺应时代，提高成功概率。为使读者精准快速地把握分散在万千书卷中的新理念、新策略、新创意、新方法，我们组织编写了这套书。

这套书旨在帮助读者提高阅读质量和效率。我们依托海内外相关知识服务机构十多年的持续积累，博观约取，从经济管理、创业创新、投资理财、营销创意、人际沟通、名企分析等方面选取数百种与时俱进又经世致用的好书分类整合，凝练出版。它们或传播现代经管新知，或讲授实用营销技巧，或聚焦创新创业，或分析成功者要素组合，真知云集，灼见荟萃。期待这些凝聚着当代经济社会管理创新创意亮点的好书，能为提升您的学识见解和能力建设提供优质有效便捷的阅读资源。

聚焦对最新知识的深度加工和闪光点提炼是这套书的突出特点。每本书集中解读 4 种主题相关的代表性好书，以“要点整理”“5 分钟摘要”“主题看板”“关键词解读”“轻松读大师”等栏目精炼呈现各书核心观点，崇真尚实，化繁为简，您可利用各种碎片化时间在赏心悦目中取其精髓。常读常新，明辨笃行，您一定会悟得更深更透，做得更好更快。

好书不厌百回读，熟读深思子自知。作为精准知识服务的一次尝试，我们期待能帮您开启高效率的阅读。让我们一起成长和超越！

目 录

年过百岁的可口可乐，之所以能将其品牌推广到全球各地，关键就在于非常善用“设计”。设计是一种刻意地联结事物以解决问题的能力。企业想要扩大规模和保持灵活度并使之完美结合，就一定得用心刻意设计。

销售一直以来都被视为是一门艺术而不是科学。许多人认为销售是教不来的，可拥有机械工程背景的马克·罗贝格却不这么认为。他负责带领销售团队时，摸索出一套雇用、训练、管理销售人员及产生客户名单的公式，并以漂亮的业绩证明：善用科技是销售的最佳选择。

在一个善变、不确定、复杂和模糊的世界，经验反而意外地成为累赘，因为它让人故步自封画地为牢。专精于领导力研究的利兹·怀斯曼提出了菜鸟与老鸟4种不同的思维模式，点出其中导致沙场老鸟失败的原因。未来属于抱持进取精神、永远不停止学习的人。

丹·罗姆曾经利用餐巾纸示范如何以简单的涂鸦，通过视觉思考解决复杂的商业问题。今天，同样通过简单的图像，他教导畏惧上台发言的人们，如何用图说故事传达真相，选择合适的故事路线，运用适当的视觉元素，带领听众前往最终目的地。

可口设计可乐商机

让企业又大又灵活的成长模式

Design to Grow

How Coca-Cola Learned to Combine Scale & Agility（And How You Can Too）

原著作者简介

大卫·巴特勒（David Butler），可口可乐创新暨领导副总裁，负责可口可乐的品牌建立、策略规划和创新计划案的研拟。在这之前，巴特勒成立了一间流程顾问公司，为Gucci、联合航空和Caterpillar提供咨询服务，亦为UPS、达美航空和CNN设计大规模系统。毕业于南佛罗里达大学圣彼得堡学院。

琳达·蒂施勒（Linda Tischler），《快速企业》杂志编辑，文章多为设计与商业相互结合的议题。曾是《波士顿杂志》编辑，亦为《大都会家居》杂志、《波士顿全球报》、《国际先驱论坛报》的艺术设计类专栏撰文。毕业于波士顿大学。

本文编译：杨忆晖

主要内容

谁说设计只是挑个颜色？

提到设计，一般人首先想到的可能是产品外观或功能特色。而无论是外观或功能特色都涉及产品定位、顾客喜好等课题，绝对不只是美丑这么简单。可口可乐创新暨领导副总裁大卫·巴特勒则明确指出：设计就是为了解决业绩问题，而不只是在挑颜色选材质。

戴维直言，年过百岁的可口可乐，之所以能够将其市值1700亿美元的一流品牌，推广到全球200多个国家和地区，并在最近10年内仍旧保有灵活度，关键就在于非常善用“设计”。他认为，设计是一种刻意地联结事物以解决问题的能力，企业想要扩大规模和保持灵活度，就一定得用心刻意设计。

巨人的梦魇

2012 年 1 月，柯达公司宣布申请破产保护。同年 4 月，Facebook 以 10 亿美元收购照片社交软件 Instagram。回顾柯达全盛时期，员工将近 14 万人，市值高达 310 亿美元。而 2010 年成立的 Instagram 却只是一支仅有 15 人的团队。为什么拥有亿万美元招牌及卓越研发能力的柯达做不出 Instagram 呢?

你千万别以为柯达不懂得创新，柯达在 1975 年便率先研发数码相机并取得专利，而后在数码相机市场也都有一定的市场占有率，创新绝对是柯达引以为傲的核心竞争力。但柯达错过了转型的最佳时间点，竞争对手当然也毫不留情。柯达就像个身躯庞大但缺乏灵活应变能力的巨人，一个踉跄便摔成重伤，这也成为所有大型企业永不终止的梦魇。

为谁创新？为谁设计？

那么，同样超过百年历史的可口可乐公司又是如何面对巨人最苦恼的问题呢？可口可乐成立于1892年，时间略晚于柯达，同样面临规模和灵活度的挑战。

然而，可口可乐却通过设计帮助自己变得灵巧，更能适应复杂多变的世界。以产品包装为例，巴特勒强调包装设计不只是外观颜色这么简单的选项，它必须与供应链的整体策略紧密结合，必须配合装瓶和配送系统的所有限制，必须符合零售业者的规划，当然也要满足消费者的需求。当所有一切都串联起来，便是策略性地运用设计帮助公司成长。有百年历史的可口可乐，就是靠设计为自己找到完美解答。

当公司愿意以全新的角度看待设计时，也就是公司愿意以开放的心胸重新定义问题的开始。柯达忽略的不是技术研发的创新，而是使用者需求的创新。它只看见自己在传统胶片业务上的巨额投资，却没看见 Instagram 紧盯的使用者需求。

大型企业擅长打规模战，但却很难快速地适应市场变化。新创公司比较灵巧，却不容易扩大规模。事实上，能结合规模和灵活度，才是未来的商场赢家。巴特勒在书中以浅显的设计原理揭示企业追求又大又灵活的可行模式，应该可以为您带来一些启发。

一　如何为规模而设计

为能成功地扩大规模，就必须运用设计来做到简化、标准化，然后再将不同功能有效地整合起来。换句话说，你是在试图打造兰博基尼跑车——一条可以完全复制的优化供应链，如此才能创造百万销售。

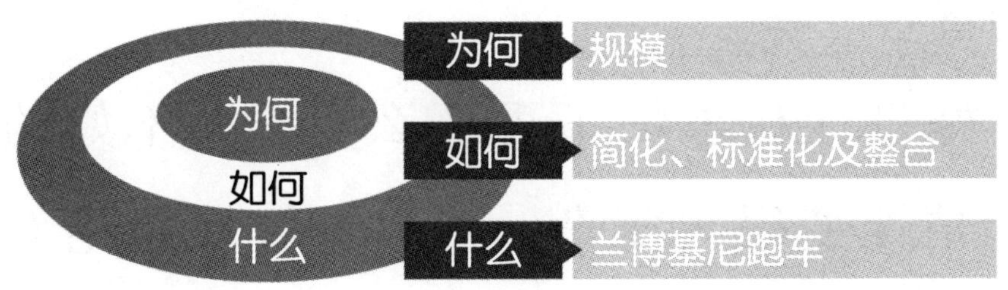

曾几何时，设计被当作一种艺术形式，设计师则是任何企业的创意团队中不可或缺的成员。如今，这项定义不全然正确了，设计已无时无刻不被运用于创造真实的商业价值。

最愚蠢的错误，便是将设计视为在过程结束时用来“收拾残局”的工具，殊不知设计乃是“第一天”就要考虑并处理的课题，因为它与一切息息相关。

简单地说，设计就是你如何刻意地联结事物以解决问题。“好设计”指的就是它解决了问题，让困难的任务不再那么复杂，并让产品更容易使用等等。设计的价值源自于如何有效地让产品帮助用户解决他们的问题，而不是让你得到某个奖项的肯定。

好设计让事情不再那么复杂，不好的设计则让情况变得更复杂。然而，好设计绝对不会凭空出现，你必须刻意而为。以结合视觉与非视觉元素的系统来思考，对于产生好设计很有帮助。它的核心概念是，系统是一套产生行为的结构。人们利用系统来尝试解决他们的问题。设计师则是把系统连接在一起，创造能够产生

价值的解决方案。

任何人都能学会以某种方法连接事物，好让情况不再那么复杂，变得更简单也更容易处理。连接可以运用在非常具体的对象如机器之类，也可以运用到抽象的事物，像是供应链、组织结构以及顾客关系等。

为了找出设计到底是什么，我们以可口可乐在日本的瓶装水事业 Minaqua 为例。卖瓶装水是一门艰巨的生意，因为很难以任何有意义的方式突显自家产品的差异性，利润也相当微薄。因此在设计上必须步步为营，才能赚到钱。

Minaqua 向来在日本占有稳固的市场，不过 2010 年时，这个品牌显露了市场疲软的征兆，市场占有率滑落至前所未有的新低点。为了振衰起敝，可口可乐日本分公司组建了一支跨部门团队，彻底改造 Minaqua 的营运模式。

这个团队敏锐地观察到一个关键问题：在日

本，废品回收并非只是个可有可无的行为，而已成为一种生活方式，有超过 70% 的塑料制品和超过 80% 的铝罐被回收。回过头来看 Minaqua 的设计和包装，显然与回收这种行为毫无关联。

这个团队也注意到，东京的生活费极为高昂，公寓都很小，对于公寓住户而言，每一寸空间都是很宝贵的。而一整箱空水瓶会占去很大的地方。

依据这些观察所得，可口可乐日本分公司决定对 Minaqua 重整旗鼓。它将品牌重新定位为“爱乐活”（ILOHAS，一种健康又持续的生活风格），新包装设计为净重仅 12 克的曲线瓶，重量仅为其他塑料瓶的 60%。更有趣的是，空的曲线瓶在被徒手扭转成薄薄的废弃塑料时还会发出清脆的声音。这也表示空的曲线瓶在回收箱及最终的废弃品处理场中所占的空间将大幅减少。可口可乐亦指出，较轻的瓶身不仅在制造过程中产生

的二氧化碳较少，运载卡车的负担也相对减轻，回收的浪费也减少了。

随后可口可乐日本分公司又设计了一则广告文案，将“爱乐活”瓶装水的广告语定为“以你的小行动改变这个世界的一瓶水”。他们带入一些新玩法：一是挑选，二是畅饮，三是扭转，四是回收。这则简单的讯息就像病毒般蔓延开来，不久便有顾客将他们扭转瓶子及利用这个废弃物做些好玩事儿的影像上传至 YouTube。

通过设计更好的瓶子和回收方案，“爱乐活”瓶装水的销量在 6 个月之内便节节攀升。由于消费者开始认定这款瓶装水比其他品牌产品更好，可口可乐因而能为这个品牌标定更高的价格。

由这个例子可以看出，取得竞争优势的关键在于对设计作通盘的思考。实际上，做到这点的好方法就是问自己 3 个问题：

（1）设计是否符合你的成长策略？

从“为何”开始。你着手设计的目的是什么？你想追求的是规模还是灵活度？

（2）你的设计过程如何？

你如何编排你的组织设计，它们又如何符合你的“为何”？

（3）你的产品能使你的“为何”成真吗？

所有一切（有形和无形的元素）都结合起来驱动“为何”吗？

今日世界不能只靠规模取胜。如今，我们必须设计出一种方法，让我们灵活得足以适应各种不同的环境和需求。我们思考的格局必须更大，必须考虑资源匮乏的问题，还必须考虑文化层面以及社交媒体。简而言之，一家公司必须以全方位的角度来构思产品，从它诞生伊始，便以一种能够创造最具竞争优势的方式来对它进行设计，同时也为事业伙伴营造共同的价值。

那么，设计如何创造出规模呢？简单地说，

规模就是“以更少的质量或获利增加数量的能力”。扩大规模向来是所有新创公司的挑战——包括产品和可获利的商业模式都是。事实证明这是一件艰巨的工作，因为只有10%的新创公司能顺利完成。如果你的公司确实因为产品和商业模式正确而存活下来，之后就得开始面对层出不穷的挑战，努力找出以同样的成本取得更多成果的方法。扩大规模的最终结果就是努力保持同样的成本，同时持续增加营收。

倘若扩大规模是你的“为何”，“如何”达成它便是设计你业务的每个过程，让它们达到优化并且被完美执行。你的目标应该是打造一条完美的供应链——如果你想要的话就造一辆兰博基尼跑车，然后可以扩增和复制。扩大规模代表你终止转变、迭代或实验，取而代之的是把心力放在尽可能制造和营销更多产品上。这和大多数新创公司所做的事有很大的差异。

规模说穿了就是完美执行——每件事都得经过设计，让它以最容易的方式准确执行。为了能做到这一点，你必须将模棱两可、过度和浪费的部分全都去除。为了达成规模，每件事都必须被简化和标准化，以最少的摩擦完成整合。

规模背后的实际驱动力是标准。当你替产品或服务建立好标准时，你就已经替公司创造出一种通用语言，并立下了一道清楚且不含糊的指示。标准可以让每个人达成共识，不断反复做同样的事。

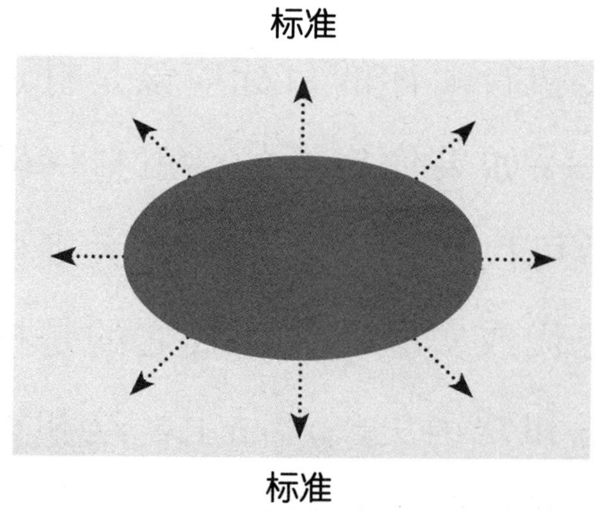

创造和设计健全的标准会衍生出同样的两件事：

（1）你会顾虑细枝末节——你会把所有的一切简化，直到找到最少量的元素，然后用它们作为你的公分母。你要找出过去行得通的模式以及你想让它一再发生的元素。

（2）然后再让每个人很容易执行——通过创造工具、打造系统和流程，让每个人都能妥善运用。

在开发标准时，目标是打造一套完美的解决之道，以便之后能批量生产。每个环节都必须设计来完成一件独特的事，而且每个环节都必须与其他环节天衣无缝、直接且完美地连接在一起。不管你的产品只是简单的洗洁精，还是像数字流音乐那么复杂的新方式，你都得将最终的结果想象成一件旷世杰作。

关于标准的重要性及其如何带动规模扩大，

可口可乐将其展现得淋漓尽致。事实上，有 7 种不同的系统在支持着可口可乐多年来令人激赏的成长：

（1）配方——自从 1869 年起，可口可乐的配方就被锁在保险库里，且一直没被更改过。你在全世界任何地方喝到的可口可乐味道都是一样的。

（2）手写商标——可口可乐的商标是以 19 世纪 80 年代深受记账员喜爱的斯宾赛手写体写成，自 1923 年以来始终不变。

（3）署名浮雕瓶——这是 1915 年市场竞争下的结果，自此诞生了这款难以仿效的瓶身。

（4）华氏 36 度——这是可口可乐设定的品尝温度，公司亦要求产品必须以此温度保存。（译注：约摄氏 2.2 度）

（5）5 美分的价位——可口可乐自 1886 年至第二次世界大战后维持这个价格达 70 年。固定

价格简化了业务，也将品牌建立起来。

（6）了不起的营销手法——早期发放的免费样品折扣券，便是设计用来促使民众口耳相传，或是通过有力人士进行营销。从19世纪90年代起，可口可乐就率先采纳一句标语，并在所有广告上重复使用。

（7）特许经营模式——这让可口可乐在不花费巨资的情况下，便将营运版图扩张开来。它之所以能发展为如此庞大的企业，靠的就是与全球逾250家独立瓶装商之间的合作关系，正是这些付了权利金的厂商将可口可乐的产品送到不同的消费者手中。这种模式让可口可乐在跻身为全球知名品牌的同时，仍旧保有很强的当地色彩。

1886年创立的可口可乐就是靠上述这7种系统的力量快速成长。1919年，一个投资集团以2500万美元将它买下，并安排劳勃·伍拉夫担任总裁。伍拉夫来自汽车产业，为可口可乐带来一股标准化的风潮。可口可乐还曾颁布一系列涵盖所有业务层面的指南，甚至设立过标准化委员会来检视执行状况。由于标准化运作得格外出色，可口可乐因而能在数年内跃升为百万品牌。标准化最后也俨然成为该公司持续成长的要素。

竞争市场中存在着 3 项实际挑战，仅靠拓展规模是无法解决的。

（1）世界上充斥着“棘手的问题”——复杂的问题彼此高度相关，且无法经由“尝试错误”来解决。解决那些难题虽然不是件容易的事，但你仍得硬着头皮去处理，才能保有关联性。像是对抗肥胖、改善发展中国家工人们的工作环境、

消费性电子废弃物的处理，甚至是确保水源持续供应之类的议题，都需要复杂的解决方案。可口可乐已认识到，它必须成为解决方案的一分子，而不只是一个受害者角色。处理棘手问题的代价是昂贵的，势必会提高业务成本，但一定得这么做，因为每件事在某个层面上都有所关联。

（2）我们处于后网络世界——因此一切都无所遁形。数字化逐一横扫每项产业，将所有一切由有形转化为数字。创新者可以在云端租下空间，将历经数十年累积大量资产的公司彻底颠覆。现今这个时代，把心力放在群众而非专业人士身上是很重要的。且公司应专注于学习而不是教育，因为消费者也有自己的想法。

（3）赢得胜利包含打造共同的价值——为了持续顺利成长，公司必须强化它经营的团体。现在，想创造新价值，你必须比过去更全面地思考。除非你正带头解决一项面对社会的棘手议题，否则你在吸引优秀人才、与政府部门互动、推出好的广告宣传等方面都将无能为力。为了获取成功，你必须替你的顾客、供货商、消费者和团体创造价值。

设计即是刻意地联结事物以解决问题，但如果你想利用设计带动成长，就得面对下列这些实际问题：

◎我们的设计手法对一家公司而言，在处理棘手问题上是否够有弹性？

◎我们的设计方式是否将群众的声音和接触面都尽可能放大了？

◎我们的设计方式能否产生共同的价值？若不行，原因何在？

设计要能把各个相关点联结起来，着手时应以“为何”为起始，而不是“如何”和“什么”这类有限的思考方式，因为眼前这个世界存在一个严峻的事实：要取得许多联结才能创造成长。

关键思维

事实上，我们无法在谈论创新时不提及成长——因为它们是两个关系如此紧密的概念。毕竟，成长能让这个世界继续运转，每个人都需要成长，个人、家庭、群体、城市、州、国家、各大洲等等，全部都是如此。而且我们需要各种形式的成长，社会的、智慧的、政治的、精神的，等等，不及一一备载。我相信，成长终将是我们克服一生艰巨挑战的方式。

——穆泰康·肯特，可口可乐 CEO

大多数的人不会以这种方式看待设计，但经过妥善设计的事物确实做好了链接，并且成为系统的一部分。举例来说，可口可乐设计了一种新包装，它的目标无疑是在解决业绩问题，而不只是在挑选颜色、指定材质，或是制定它的外形和尺寸。这些事都很重要，但新包装亦必须与其供应链策略结合起来，以协助公司达成可持续发展的目标、配合装瓶和配送系统的限制完成作业、符合零售业者的业务规划，当然也满足了消费者的需求。当所有一切都联结起来，我们便可以说这间公司策略性运用了设计来帮助自己成长。

——大卫·巴特勒、琳达·蒂施勒

二　如何为灵活度而设计

为了具备灵活度，你必须了解消费者想要什么，在持续跟进和评估当下情势的同时不断打造原型成品，直到做对为止。最好将你的产品想象成一大桶乐高积木，必要时可以随时替换组件。模块化系统是具备及保持灵活度的根本要件。

为灵活度而设计，你得具备3项要件：

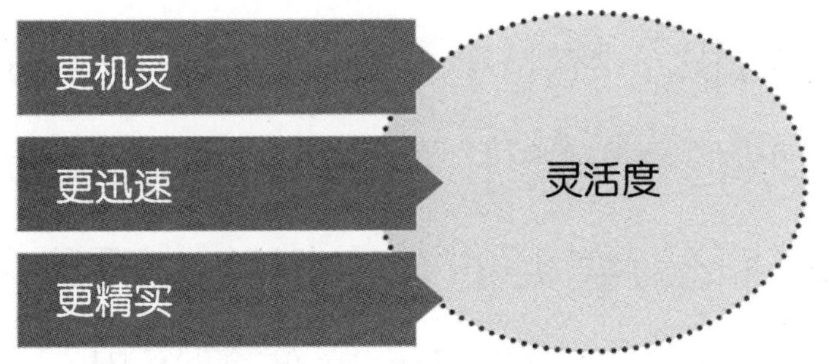

1. 更机灵

伊士曼·柯达公司创立于1892年，是一家高度创新的公司。它因引进布朗尼照相机、幻灯机和底片而成为亿万品牌。“柯达时刻”更是深植人心的广告用语，然而它却在2012年1月申请破产，验证了仅仅依靠扩大规模并不能确保成功这一定论。企业要想有长期持续的出色表现，就必须将规模与灵活度相结合。

在柯达走向衰微之际，Instagram异军突起，成为手机上的热门照片分享网络，两年内就发展了逾3000万名用户。在柯达申请破产的2012年，Facebook以价值10亿美元的股票和现金买下了Instagram。

柯达累积了数十年详细的市场研究成果，拥有令人惊叹的知识产权和卓越的研发能力，持有耀眼的价值亿万美元的金字招牌，可是它为什么做不到Instagram那样呢？这值得深思。

柯达曾经是享有全球品牌、供应链和经销渠道的卓越公司。他们有才智、有关系、有资金，

欠缺的恰恰是灵活度。灵活度不会碰巧发生，只能靠设计产生。

追求灵活度的设计关键，就是去做成功的新创公司总是在做的事：

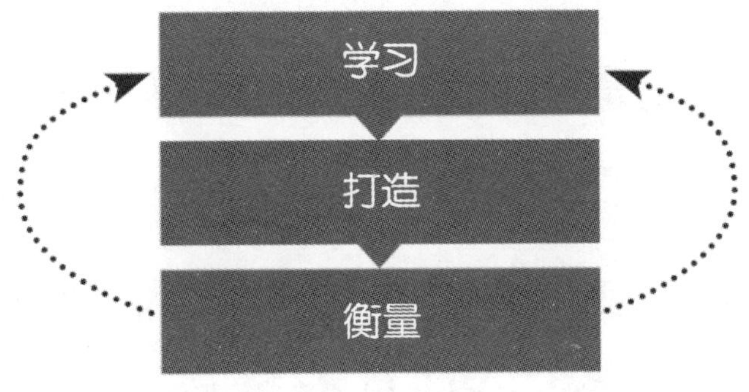

在组织学习、打造和衡量消费者需求时，灵活度就会显现并与之响应。大多数的新创公司都能做得很好，因为他们把全部精力都放在这个运作循环上。这在商界常被奉为“精益创业法”。

想具备灵活度，重点在于将产品或服务想象成一大桶乐高积木。乐高积木采用模块化——设计成这样就是为了容易跳脱框框来使用。它们不仅可以交换使用，而且每块积木都能快速且直接和另一块积木一起使用。通过乐高积木，你可以边做边学，并且即刻调整适应。若某件事行不通，就换掉它，用另一个来替代。最后你会发现，对于公司来说，这是个把灵活度加以可视化的好方法。

整合系统是当你准备好扩大规模时采用的方式。若某家公司已发展了一项产品（或服务），并已做好了拓展的准备，要将产品销往全国甚至全世界，那么精心设计且完美整合的系统便是唯一的道路。就商业而言，整合系统将有助于减少摩擦、降低营运成本，确保质量的一致性。而乐高积木之类的模块化系统则可以让你边做边学。它们提供了各种选项，让你在操作中学习和适应。这是我们在这个变化莫测的世界中设计产品必须学习的方式。

如果你仔细观察大多数公司的传统研发方式，将会发现总是会有某个人（或许是位资深经

理）热衷于某项解决方案，然后费尽心机要让它获得支持。但麻烦在于没有人能对结果加以验证——因为它可能只迎合了极少数的顾客。

新创公司完全不会这么做，因为他们没有余力或资源做那样的事。相反，新创公司会去了解顾客面临的问题——而且愈棘手愈好。之后他们便会开始研究拟订解决问题的方式，同时赚取利润。开发解决方案的最好方法就是走出办公室，把时间花在潜在消费者身上，而不是运用焦点团体或聘用顾问。

这便是乐高积木做法发挥作用的地方。假如你有一整组能替消费者打造解决方案的模块化元素，并且这些元素无法运作之际可以用其他元素来替换，你便能寻到更好的机会和方案以解决问题。这是企业具备灵活性的实质意义。

关键思维

为灵活度而设计的根本立场，在于你得同时将许多问题纳入考虑，而此举违反了我们认为任何情况下只有一种正确答案或一个完美解决方案的天性。这种思考方式很麻烦，因为你没办法获悉所有不知道的事，却要在最后一刻改变计划或修正策略。了解对弹性的需求、允许持续不断的反复修正，并在更好的构想或解决方案出现时保持开放的态度，确实是在游戏中胜出的有力方式。它可以让你的企业存活下去，并且超越竞争对手。

——大卫·巴特勒、琳达·蒂施勒

今天，每家公司在营运中都会面临柯达曾经遭遇的风险。为了存活下去且继续迈步向前，你必须愿意一次又一次地不断颠覆自己。否则，

便会有别人来颠覆和打倒你。

越快了解消费者想要和不想要的是什么，你就能变得越灵活。学习过程和学习本身当然都是很好的，但更重要的是你运用新的信息所做的事。你一定得将自己的产品、关系、运作方式和组织都设计妥当，才能从中学习并持续调整适应。

一般说来，灵活的组织都会针对消费者的问题设计出多种解决方案，并会走出办公室进行实地测试。他们或许会很快遭遇挫败，但剔除行不通的做法之后，就可以把更多资源投入可行性方案。

关键思维

新创公司是为了追求可重复和扩大规模的商业模式而形成的组织。

——史蒂夫·布兰克，教授暨企业家

2. 更迅速

新创公司最擅长的一件事就是进行关键转折——它们很愿意突然改变策略或是基本的商业模式，但仍遵循原来的愿景。最典型的例子就是YouTube和Twitter，前者是以视频交友网站起家，后者一开始的商业模式则是电台播放形式。它们的成功归因于它们转向了不同但却更有成效的方向。

如果你的设计包含了灵活度，在组织中也运用了模块化系统，那么你便拥有了快速进行关键转折的能力。这点很重要，因为当你处在一个瞬息万变的世界中，速度将是左右一切的实际变量。真正的挑战是同时做到又快又好。

新创公司往往是边做边学，他们通常利用原型成品为自家产品取得早期版本，以便尽快将产品送达潜在消费者的手中，之后他们会依照消费者对于原型成品的反应持续调整改进。

我们设计学院就是采取边做边学的方法。我们不仅要求学生解决问题，还要求他们替问题下定义。从实际现场开始，培养学生们对于设计对象的同理心，发掘出对方真实的人性需求。接着他们会反复打磨出超乎预期的可能解答，打造出足以进行真人实地测试的粗略原型。我们偏好采取行动，接着会对个人在过程中的种种发现进行反思。经验是在反复调整中衡量而来：学生们在每件企划案中都会尽可能进行多次循环。每次循环都将带来更犀利的观察和更出人意料的解决方案。

——斯坦福大学设计学院

原型成品是最为首要的学习工具，它们的存在是为了帮助你尽快找出什么是管用的、什么又是行不通的。原型成品替组织创造了灵活度，因为它们给你提供进行关键转折和适应环境变化的能力，以便你能果断舍弃无法让未来消费者产生共鸣的东西。

“最低可行产品”是指产品功能刚好满足用户需求的原型成品。把最低可行产品交给用户后，你便可以了解该产品或服务的使用效果，并加入用户的意见和建议，一次又一次反复进行迭代以求精进。用户愈喜欢最低可行产品具备的功能，你散布最低可行产品的对象就愈广。

任何一家公司都可以通过开发和利用最低可行产品进行设计。苹果公司在这方面做得特别出色，产品系列一直在不断地升级，就连可口可乐这么大型的企业也都可以学习这种工作方式。

1998 年，可口可乐旗下的汽水供应机在美国的销售额约占全公司产品的 22%，然而，汽水供应机却已 50 年没变化更新过了。于是可口可乐开始埋首开发新一代汽水供应机。

新的自由配（Freestyle）气泡水供应机改以筒子输送汽水，而非传统的装在箱子里的笨重袋子。这些筒子可以通过航空货运公司或食品物流业者运达，不必是公司经营的车辆。相比旧式的汽水供应机，气泡水供应机能提供更多样的口味。

更炫的是，顾客可以在这台机器上自由调配自己想喝的饮料。这些消费数据通过网络送回可口可乐公司后，便成为可口可乐的用户调查资料，公司可以据此调整生产计划。摆设了“自由配”的店家业绩平均增长了30%，因为饮料的选择范围更多，而且可以调配专属个人的独特口味，这些都让人们津津乐道。

当你为灵活度而设计时便会产生这样的结果。你的动作会变得更迅速，因为你边做边学。你也会设计出消费者想要的产品并树立特色，而不是以这样或那样的方式强迫他们接受。

3. 更精益

想变得有灵活度，具备乐高积木式的模块化系统将有很大帮助。事实上，模块化系统的定义特性之一，即它们是开放式而非封闭式的。一个开放式系统更容易让别人贡献他的想法。模块化系统能促成更大规模的合作，因而能挹注更多元化的思维。

关键思维

敞开大门、与他人共同分享，一同参与设计开发并打造你的产品，看来或许有违常理，其实却能让你更加精益。因为当一家公司门户大开时，便能挖掘自身团队、群体、部门甚至公司本身以外的创造力、资源和热情，而且通常不用花半毛钱。

——大卫·巴特勒、琳达·蒂施勒

开放式系统仍得通过规则才能变得可行。以维基百科为例，它之所以成功，就是因为每个人都遵照一套固定形式撰写，这样才能保有一致性和结构性。所以你在撰稿时不能随意把 YouTube 片段贴上去，因为每个人都得遵守撰写规则。

开放肯定能创造灵活度。通过开放式系统，你将获得与范围更广的社交媒体合作的机会。你可以把原型成品拿出去展示，和那些你希望会有购买意愿的人们一起改进设计出新一代产品。

然而，开放式系统有几项较明显的劣势：

◎相较于打造一个专属的封闭系统而言，它们复杂许多。

◎为了让开放式系统能够运作，你得激励人们贡献心力。

◎开放式系统总是会有点乱糟糟的——因此很容易产生谬误，事情也很容易出错。

◎你得设计好样板、指南和工具，让人们

以有系统的方式创造价值，而不能允许他们各行其是。

开放式系统能促进一种“浮现”的现象发生。这种现象意味着，有时候开放式系统会创造某种不是任何一组人马能独自运作出来的事物。当大家共享一切时，某种自我组织的层级便浮现出来。在线游戏“我的世界”便是个例子，在没有任何广告宣传的推波助澜下，它吸引了将近1亿名注册用户。它没有要求玩家完成任何特定目标，玩家可以随心所欲进行改变。这个游戏通过玩家产生的内容发展并成长。

开放式系统的确很棒，但在使用时必须小心谨慎。否则一不留意，便很容易白白浪费资源又

一事无成。让每个人真正全神贯注的好方法，就是明确定出你的“首要指标”。

顾名思义，首要指标是达成真正进展的领先指标。它是可操作的指标，不仅浅显易懂，而且是你立即且想要彻底达成的目标。若能明确定出首要指标并且把它当作核心着力点，那么开放式系统就可以运作得很妥当了。

为了说明得更详细，让我们以可口可乐为例，它在 2010 年提出：至 2020 年为止，要帮助 500 万名新兴国家的女性获得稳定收入。为此，“5by20”计划被设计成一套开放式系统，吸引了诸如联合国妇女署、国际金融公司等组织的支持。

“5by20”被设计成社会活动，是期望发生“浮现”的效果。其中有些元素是固定的，但许多元素则非常具有弹性。这使得计划参与者可以带着在当地环境或市场中行得通的想法前来。可口可乐不会发给她们支票然后祝福她们一切顺利，而是采用让她们更容易接受和调整适应的方式。

在某些国家，“5by20”会资助成立财务研讨工作坊，但在其他国家，可能是一辆装备齐全的大巴充当移动教室。可口可乐会帮助年轻妇女募集启动资金，并以许多其他方式提供协助。

例如在印度小镇，可口可乐帮助想在自家开设小店铺的妇女们在屋顶上搭建太阳能板。这些太阳能板汇集的电力足够让小冰箱运转，妇女们就可以贩卖冷饮——这在她们生活的地方是项奢华的享受。而客人在享用冰凉饮料的同时，这些太阳能板也可以为他们的手机充电；到了夜晚，孩子们还能靠连接着太阳能板的供电系统开灯读书。

“5by20”是很容易让人记住的标志，已有超过30万名年轻妇女利用“5by20”计划实现了经济独立，对于在2020年之前达成帮助500万名妇女的终极目标，算是个不错的开始。

三　未来如何胜出

未来真正的挑战是“全面升级”——一个完美结合规模和灵活度的全新实体。如果你能想出新颖的商业点子，然后又能成功地拓展规模，那么前景肯定是一片大好，不管发生什么事都能胜出。

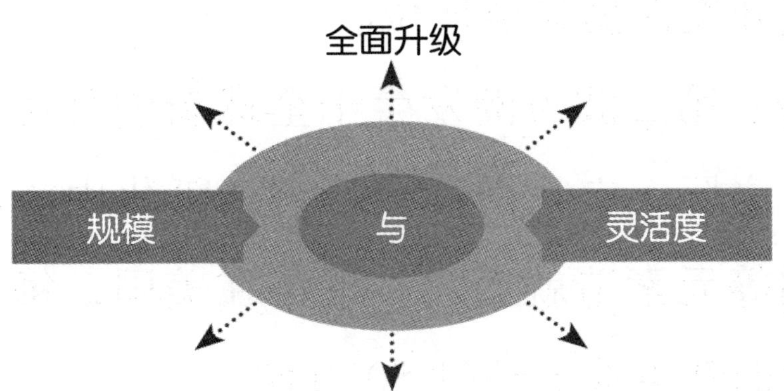

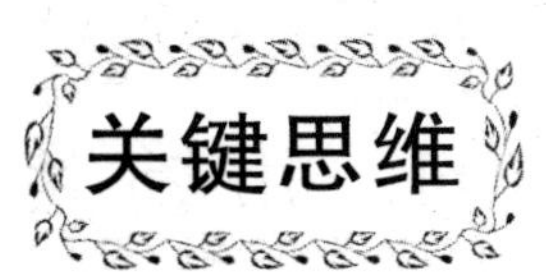

如今，创业比以前容易，但扩大事业规模却

更难了。

——大卫·巴特勒、琳达·蒂施勒

创业家精神和设计现在都处于大众化的过程，并且人人唾手可得。当你用更宏观的角度观察，便会看出下列3波浪潮：

（1）第一波浪潮始于2000~2001年的网络数字产业时代。随着网络公司泡沫化，精益创业方法与顾客开发结合在一起，敏捷产品开发和商业模式开发占据显要地位。

（2）第二波浪潮发生于全球新创公司生态系统产生之际，它是由群众募资、孵化中心以及加速计划等元素造就而成。现今在美国，每个月蓄势待发的新事业已超过50万件。

（3）第三波浪潮将面临并处理一个发人深省的统计数据：新创公司有90%是失败的。市场上将出现新的实体，让新创业者更容易扩大规模，

同时也帮助大型业者更容易展开新业务。这将会是个“全面升级”的时代。

关键思维

若我们能协助创业者更稳当地扩大规模，会出现什么情况呢？想象一下，假如我们可以让扩大规模的新创公司的数量增加 10%？或者，倘若我们能把 90% 的失败率减半，又会是什么状态？对于大型企业来说，如果我们可以帮助更多经理人避免遭遇柯达命运的话，会是什么情况呢？而且不只是在美国，而是发生在世界各地。想想这对我们的经济可能产生的影响。

——大卫·巴特勒、琳达·蒂施勒

当大公司对参与合作的创业家开放资产时，结果和影响就会凸显。此举将使那些创业者取得大公司通常早已具备的品牌、关系、营销渠道、资金等一切资源。

受全面升级牵动的经济成长浪潮将令人叹为观止。它最后绝对会创造出许多个价值数十亿美元的品牌。再者，全面升级也将为大型企业注入活力十足的创业家思维。

那么，在全面升级兴起时，设计将扮演什么样的角色呢？

关键思维

当我回想过往这十年，不禁惊异于设计功能理念的根本改变。它已经不再是一群专业精英人士拥有的才能，而是一种大众化的技能，任何人只要想就可以使用它。

——大卫·巴特勒

关于未来，可以肯定的是它看起来绝对会和过往有所差异。设计变得更开放、更透明，也更

容易接近，而不再那么小众。这是一桩美事。

据估计，2015 年约有 100 亿种设备与网络相连，包括电话、电视、汽车、计算机、工厂和应用设备等等。到了 2020 年，这个数字很可能会增长 3 倍，超过 300 亿种。那将会是另一番复杂的层面，而且每个人都必须具备某些能创造价值的设计技巧。

与此同时，3D 打印的成本会下降，打印质量和可用性会相对提升，许多人预估长尾理论将有突破性发展。想象一下小学五年级孩子在一间数字虚拟教室上课的模样。3D 打印如今仍是少数高手才会谈论及碰触的事，但不久后将成为主流。加上 Photoshop 之类的平面设计工具软件已突破平面设计工作室和学校的界限，演变为每个愿意学习新技能的人皆可掌握的新工具，势必让一切改观。苹果公司也不会是唯一一家能发出“加州设计，中国组装”豪语的公司，基本上，任何一家公司都可以做到同样的事——把产品生产线移往适当的国家才是最合理的做法。

设计师布鲁斯·莫在他的著作《重大改变》中提到："这无关乎设计的世界，而是关于世界的设计。"当世界变得更复杂，我们都有机会运用设计让自己的世界——我们的家庭、我们的小区、我们的公司、我们的城市、我们的国家，变得更好、更灵活，也更能适应改变，如果我们用心刻意设计的话。

销售力来自科技

从 0 到 1 亿美元的 4 个公式

The Sales Acceleration Formula

Using Data, Technology, and Inbound Selling to go from $0 to $100 Million

·原著作者简介·

马克·罗贝格（Mark Roberge），HubSpot运营总监。他在2007年到2013年担任HubSpot全球销售服务部门资深副总裁期间，让公司营业额增加了60倍，销售团队成员也从1人扩大至450人。加入HubSpot之前，他曾任埃森哲管理顾问公司的科技顾问，也曾在社交媒体及移动互联产业等多家新创公司担任管理职位。毕业于麻省理工学院及理海大学，主修工程学。

本文编译：叶心岚

主要内容

从工程师角度看销售

在工程师眼中，传统销售方法显然很不科学。因此，当拥有机械工程背景的马克·罗贝格负责带领销售团队时，他摸索出一套雇用、训练、管理销售人员以及产生客户名单的公式，并以漂亮的业绩证明：善用科技是销售的最佳选择。

在加入 HubSpot 之前，马克·罗贝格一点销售经验也没有。HubSpot 是一家专门开发及销售营销软件的公司，这类软件的主要功能是协助进

行社交媒体营销、电子邮件营销以及处理内容管理、网站分析及搜索引擎优化。当然，HubSpot本身就是集客式营销的最佳代言人，在发展各类病毒式营销影片、文案、网络研讨上不遗余力。马克的销售之才也从此爆发。

在2007年到2013年期间，马克带领的销售团队让公司营业额增加了60倍。这使得HubSopt在2011年位列500家成长最快速公司中的第33名，也使马克本人被《福布斯》杂志评选为“世界前30位社交媒体销售高手”，位列第19名。

善用科技，复制成功模式

公司老板、销售主管和投资人都很希望把他们的聪明构想变成下一个上亿美元的大生意。通常，他们的想法都不错，也开发了可行的产品，但最大的挑战是扩大销售。他们渴望得到成功蓝图，但却找不到它，因为销售一直以来都被视为是一门艺术而不是科学。你无法在学校学会销

售。许多人认为销售是教不来的，主管和创业家也只能祈祷自己遇上天生的销售高手。

马克可不这么想，工科训练让他特别重视数据和流程。尤其在今天的数字化世界，每个行为都会被记录下来从而留下海量的数据。他认为打造一支销售团队已不再只是一门艺术，而是有程序可循。

数据是你的朋友，统计数据不会说谎

传统的销售看重经验，如今经验还是很重要，但更重要的是如何将这些经验加以储存、量化与分析。过去个人可以凭记忆或简单的数据，管理维护数百或数千名客户名单，但是却很难传承经验，遑论以公司经营者的角度扩大规模。

公司经营者当然了解数据和统计数据的重要性，而且涉及范围包含销售人员的招募、训练、管理以及客户名单的产生。善用科技就是协助销售团队把产品卖得更快、卖得更好。

当你利用基于数据的流程导向方法，每次招募时都雇用成功的销售人员、以相同的正确方法训练每位销售人员、用同样的销售流程让销售人员为结果负责、按时给销售人员提供充足的高质量准顾客名单时，销售便成为可预测可规划的步骤。而这种善用科技、善用数据，建立可再用、可扩充、可调整的流程导向方法，势必不只发生在销售领域，在企业各个部门或各种业务中也将成为显学和必要之学。

销售公式确实存在

主流观点认为销售管理的艺术成分多过科学。但不要对马克·罗贝格这么说。

当马克还在麻省理工学院念书时，几个正在筹备新公司的同学要他负责领导他们的销售团队——更准确的说法是由他一人包办整个销售团队。

没有任何销售经验的马克，以每位优秀工程师都会采取的做法着手应对挑战。他利用基于数据的流程导向方法，以他认为合逻辑的5项要件为基础来打造销售团队。

这家新创公司就是后来的HubSpot，马克·罗贝格利用这5项要件让HubSport的营业额从0元增长到1亿美元，销售部门从1人扩大为450人。

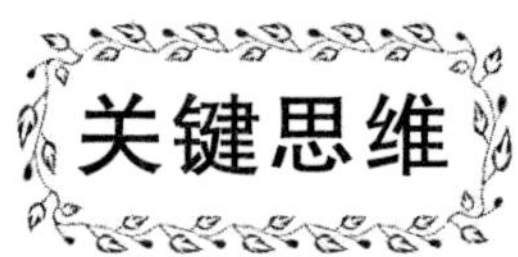

在今天的数字世界，每个动作都会被记录，大量数据随手可得且随时可用，因此打造销售团队不再一定要是一门艺术，而是有流程存在。销售可以预测。公式确实存在。

——马克·罗贝格

马克利用的5项要件就是：

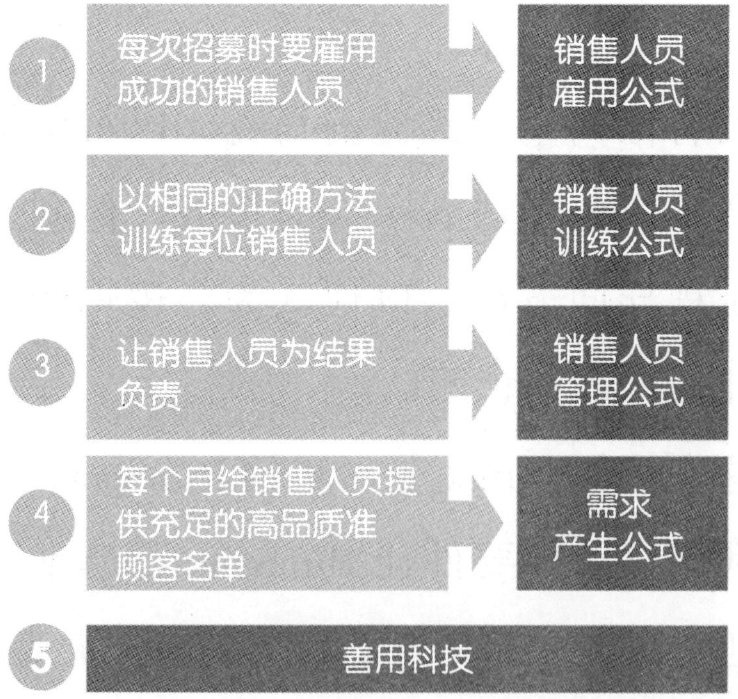

一　销售人员雇用公式

雇用未来顶尖销售人员的流程很容易设计，你只需建立最佳销售人员的特征表，再根据该特征表评估应征者。这些数据不难确认，但很少有公司考虑这么做。你应该让雇用流程变得更科学，而不是乱枪打鸟。

招募世界级人才是打造成功销售的重要推手。由顶尖销售人员组成的团队，不管在任何环境都会找到胜出的方式。

雇用的最大挑战在于，理想销售人员特征表会因公司而异。一家公司的顶尖销售人员，受雇于其他行业的另一家公司时可能表现不佳。你必须确认哪些特征最适合你的公司，再根据这份特征表去招募人员，而不是单纯考量应聘人员过去的经历。

但确认哪些人会成为你需要的顶尖销售人员的流程永远相同：

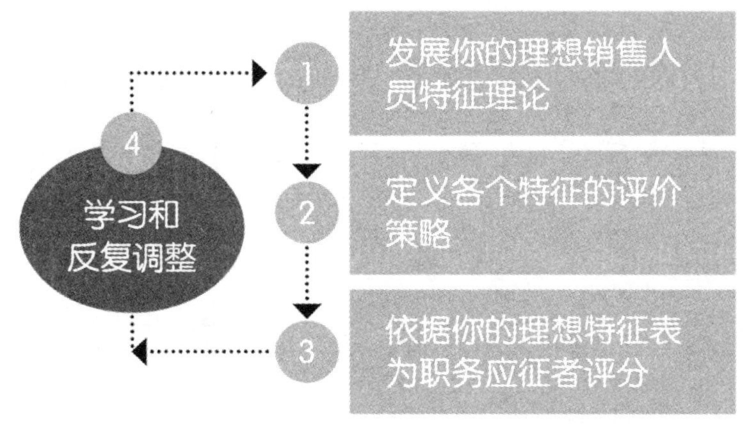

（1）找出哪些特征对你的企业来说意味着销售成功。详细描述各个特征的明确定义。

（2）确认如何评定应征者在各个特征方面的表现。评定方法可能包括角色扮演、实务演练、推荐、面试问题等。

（3）利用面试评分表为每位应征者打分数，以 1 到 10 分评估每项特征。面试后写下分数。

（4）当几位销售人员正式到职后，确认他们

的绩效表现和工作面试流程两者之间的一致性有多高。再根据你搜集的资料去调整和改进面试流程。

关键思维

招募工作结束约一年后，我已经累积足够数据量，可以执行正式的回归分析，以雇用后的销售成果来修正雇用特征。因此大部分的主观因素可从销售人员雇用公式中剔除。数据是你的朋友，统计数据不会说谎。

——马克·罗贝格

HubSpot 根据这些特征执行回归分析后，结果显示：聪明和能提供帮助的销售人员最受买家欢迎。这与“积极进攻和强势推销才是最佳销售人员”的传统观点大不相同。

理想销售人员雇用公式因公司而异，但设计公式的流程完全相同。

具体而言，HubSpot 发现有 5 项人格特质和销售成功息息相关：

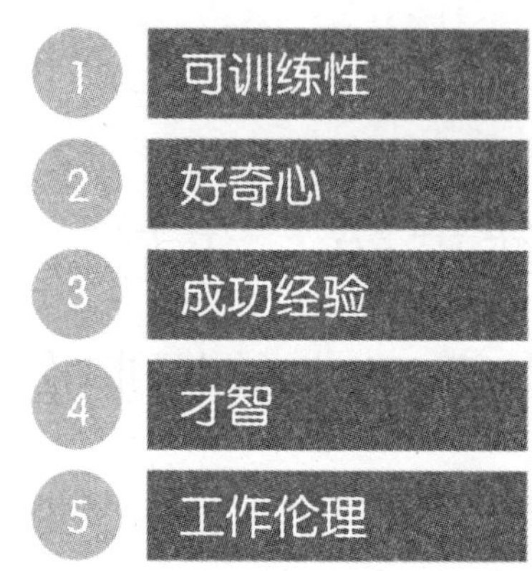

HubSpot 以此发现为基础，依据这 5 项特征评估所有未来的招募人员。做法是：微调面试流程以将一些特定元素纳入，这些元素能突显应征者是否具备那些特征或人格特质。

（1）可训练性——吸收理解以及接受指导后加以应用的能力。准备好模拟买家访问的角色扮演练习，再让应征者自行评价自己的表现。接着稍微指导他们，要求他们应用你提出的想法和建议，重做一次角色扮演。通过提供指导并观察他们如何反应，来测试他们的可训练性。

（2）好奇心——通过有用的提问和聆听，了解潜在顾客背景的能力。在面试开始前，注意他们有没有问你问题。同时也要注意他们在角色扮演时，是提出引导式问题还是试着背诵销售手册的内容。

（3）成功经验——有着出色表现或取得显著成绩的过去。如果应征者来自有一定规模的组织，很简单就能查证他们是否属于表现最好的前10%。也可以查询他们在其他领域的成功经验，例如学校、运动等。

（4）才智——快速学习复杂概念，再用简单的方法传达给其他人的能力。测试方法是，你可以在面试时进行若干训练，然后看他们在之后的角色扮演中吸收了多少信息。你也可以让他们带走一些文字资料以便阅读，这样就可以在下次面试时对他们的聪明才智有所了解。

（5）工作伦理——为他们的责任带来充沛干

劲。无可否认，此项特征在面试时很难评定，因此你只需要注意他们说话内容中透露的线索，再确认他们的推荐资料。你也可以提一些问题探查他们平时的工作状况等等。

就 HubSpot 而言，利用这 5 项特征来面试和评价应征者有非常不错的成效。不过客观来说，面试应征者不过是整个招募流程中最简单的部分。招募流程最困难的部分是在准备好扩充时，寻找最优秀的销售人员加入你的团队。

关键思维

最优秀的销售人员从来不必应征工作。真正杰出的销售人员即使不找工作，随时都有好几个工作机会在等着。最优秀的销售人员是被动的候选者，意思是指他们在换工作方面不会采取主动。规划迎合这群人的被动招募策略是必要的。

——马克·罗贝格

你可能会想雇用猎头公司帮你完成这个任务，但其实不会有用。如果发现优异的人才，猎头公司要如何选择该由哪家客户得到？他们自然会优先分配给支付最高额佣金的客户，但其实你不希望自己就是那个客户。

你反而应该在自己的组织内部成立招募代理公司。寻找考虑自行创业且有才干的人力资源专家，邀请他们成立专门为你工作的公司，支付给他们基本薪水和高额奖金，这样他们才有机会赚到丰厚报酬，再让他们像外部人资机构一样运作。

毫无疑问，优秀的被动销售人员人选的最佳来源，目前非 LinkedIn 莫属。让你的内部人资专家这么做：

（1）善用 LinkedIn 先进的搜寻功能，将看起来还不错的人选加入名单。

（2）依据这些人的个人履历信息进行筛选，

提出你想要招募的顶尖人才最终候选名单。

（3）接触你的最终名单入围人选。先看看是否有任何共同认识的人脉能提供介绍，没有的话就直接发电子邮件给他们。告诉他们你是谁，介绍你的集客式准顾客已超过你能处理的数量。询问在他们的人脉网络当中，是否有和他们背景相似的人在找工作。

（4）与此同时，和你最近雇用的员工或销售人员在 LinkedIn 建立关系，要求他们推荐适当人选。仔细查看他们的人际关系，寻找符合标准的人选，询问他们是否方便介绍给你认识。

招募人才时，还有另外一个重要问题：你应该第一个雇用谁？

大多数创业者通常会选择拥有资深领导经验及丰富产业经验的人——像是曾经任职财富 1000 强企业或大型公司的全球销售资深副总裁之类的人选。毕竟他们曾经率领过年营业额达 20 亿美

元的500人销售团队。

问题是这种人可能不愿意卷起袖子、站在第一线搞销售。他们更习惯于指挥别人这么做。他们可能非常缺乏近期的实务经验，很难适应多数新创公司充满活力的快速步调。

你最大竞争对手的顶尖销售人员以及来自大型企业的销售经理也是如此。他们很难被训练，而且难以适应缺乏完善制度的环境。

有创业家展望的人可以作为你销售人员的首选。这种人会协助公司加速迈向正确的产品和市场组合。你需要那些能跟在潜在顾客身旁，了解他们的挑战、想法和优先事项的人。你需要站在销售第一线的人。他们要拥有敏锐的直觉和判断，能协助CEO果断采取行动。

关键思维

你所雇用第一位销售人员的最紧要价值，并

非来自于他带来的第一批顾客或创造的第一笔营收，而是他加速公司迈向最适产品和市场组合的能力。他要知道目标顾客面临的最大挑战。他要有创新能力，能看清在目标顾客及价值主张上重复发生的模式。他要能协助公司朝最适产品和市场组合加速迈进。

——马克·罗贝格

二 销售人员训练公式

传统的“边看边学”销售人员训练策略不只拙劣，而且非常危险。你的训练课程应该以3项要素为基础：买方历程；销售流程；合格标准。依据这些要件来训练，你就能培养出潜在顾客真正想要互动的有用销售人员。

大部分公司都是以跟着公司顶尖销售人员“边看边学”的方式训练新进销售人员。期望新人能边观察边学习。不过用这种方式训练销售人员有几个问题：

◎你的顶尖销售人员可能因为非常不同的理由而成为佼佼者。你的新人会得到某个方面的杰出品位，但同时也会沾染上其他领域的一些坏习惯。

◎“边看边学”训练法有很大成分是碰运气。你或许在罕见的销售清淡日撞见顶尖销售人员，却不明白原因。

◎顶尖销售人员可能因为必须照顾新人而分心。

◎你无法衡量“边看边学”是否成功——也就是说，这种训练法无法以任何合逻辑的方法查核、反复调整和量化。

◎“边看边学”无法扩大规模或预测。

更好的销售人员训练方法是以组织的销售方法为基础，设计一套正式的训练课程。这套课程最后通常有 3 项关键要素：

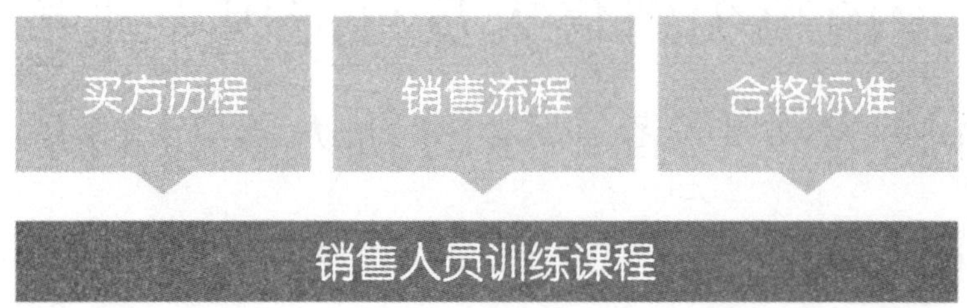

（1）买方历程——建立顾客在决定购买你的产品时，会经历的一般步骤。

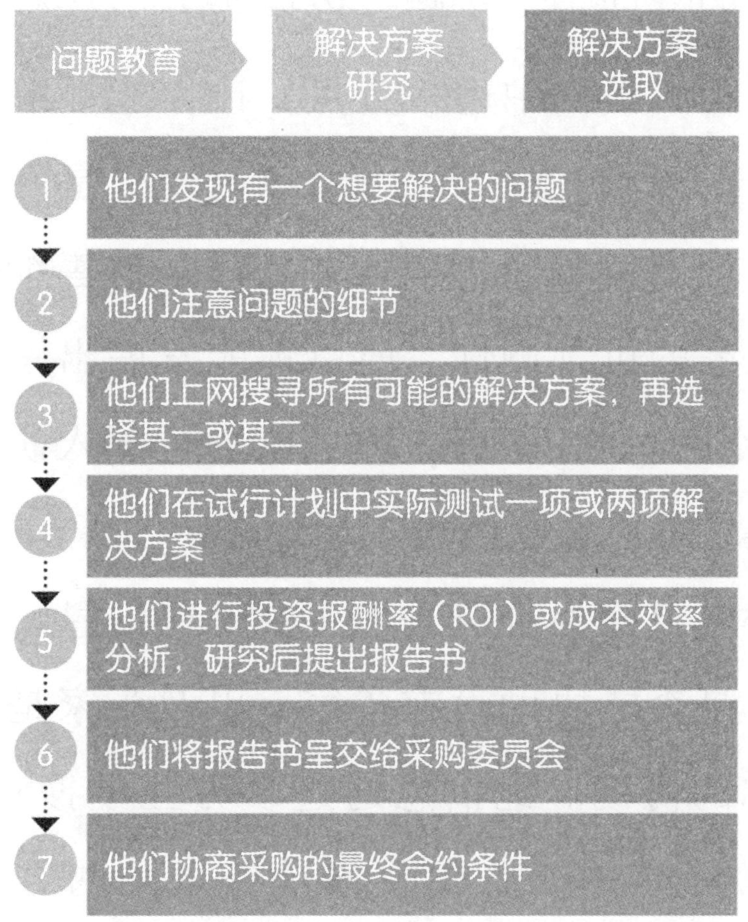

（2）你的销售流程或通用方法——基本上会规划你在买方历程的每个步骤要做些什么，以支

持潜在顾客，并让他们继续前进做出采购决策。这个流程大多以电子邮件起头，再进展到尝试建立密切关系的电话“联系”阶段，然后是示范解决方案的“展示”步骤。依据买方历程校准你的销售流程，提供中途检查点，让你能了解各个销售机会的现状。此方法之所以有用，是因为能让销售管理层衡量销售渠道并且评估销售绩效。由于有更高的可预测性，所以你能发展出一套涵盖各个步骤的训练课程。你可以进行深入研究，协助新人了解买家脑袋里在想什么。

（3）合格标准——你需要哪些信息，以便了解自己是否能协助潜在买家，以及买家是否同样需要你的协助。此信息通过多方互动搜集而得，并且以对你的产品或服务具有意义的方式来建构。许多公司采用 BANT 合格标准：

B（Budget）——预算：他们现在有资金吗？

A（Authority）——授权：他们是决策者吗？

N（Need）——需求：你能解决他们的问题吗？

T（Timing）——时机：他们何时能采购？

你应该以理想销售方法为基础设计训练课程。再规划考试和检测，证明销售人员已精通这些课题。接着可以反复调整流程，通过以下方法循序渐进改善你的销售人员训练：

（1）在课程完成6个月后请参与课程的人员做评估。要求他们回馈意见并提出改善建议。

（2）在训练成绩和一线销售实绩之间建立相关性，发现真实的情况。

（3）调整销售人员训练，借此产生新行为。

实际上，销售人员训练的目的是培养将会赢得买家信任的有用销售人员。你希望销售人员能了解买家的目标而且有能力提出建议，说明你的解决方案如何能协助他们达成目标。事实也证明，最优秀的销售人员才最了解他们的买家。

今天的销售行为更像是医患关系，而不是传统的买卖模式。社交媒体就是在这里发挥效用，使你的销售人员有机会被当作值得信赖的顾问角色。让你的销售人员抽出一些通常会用来寻找新顾客的时间，去参与社交媒体活动。你会发现，这么做的回报更大。

三　销售人员管理公式

将销售经理变身为销售人员教练，你就成功了一半。接着训练这些销售教练，不要用太多评论意见轰炸销售人员。销售教练反而应该针对每一个销售人员，找出最能提升绩效表现的一项技能，再开发出培养该项技能的定制化指导课程。整个程序应该根据数据来进行。接下来可以加入竞赛和丰厚薪酬的计划，这样你的销售人员就会成功。

关键思维

销售经理给予销售人员的有效指导，是推动销售人员生产力的最重要工具。

——马克·罗贝格

教练指导确实是持续销售成功的关键动力。话虽说如此，但销售教练通常采取“洗碗槽法”——把所有东西一股脑丢给销售人员，期望有东西会留下来。但此方法没有效果。最出色的销售经理会找出对销售人员影响最大的一项技能，再针对每一个销售人员设计定制化的训练内容，帮助他们培养该项技能。

换言之，跟其他每项任务一样，销售人员的指导必须基于数据。HubSpot 是这么做的：

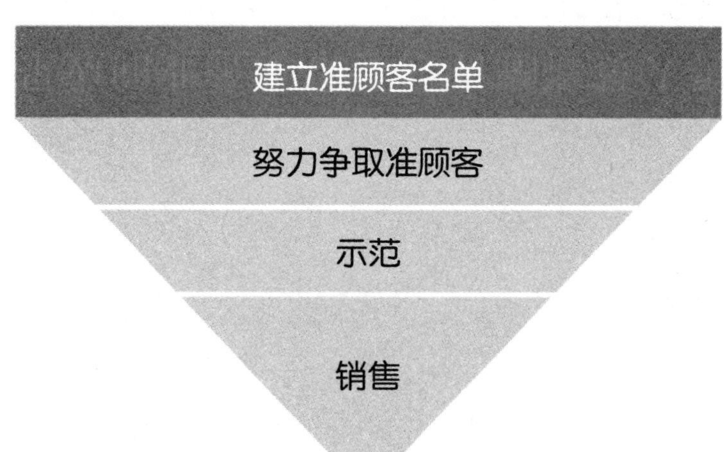

（1）公司设计了适用于全公司的漏斗式月份

活动完整计分卡——这个并不复杂。漏斗计分卡显示每位销售人员在销售漏斗各个部分的个人绩效表现。

（2）每个月第一天，每位销售经理和他的销售人员开会，检视他们的绩效表现数据。为了得到最佳成果，双方共同决定应该集中心力在哪项技能。双方也针对精进技能的方法，共同制定针对性的指导计划。

（3）会后第二天，销售部门主管和每位销售经理开会，检视其销售团队成员的技能培养计划。

（4）接下来全公司上下将衡量这些指导计划是否持续成功，借此确认教练指导模式是否奏效，并且尝试新点子。此一持续检视能使公司剥掉一层层的复杂度，查看整体销售额是否因为持续指导而增加、持平或衰退。

注意关于销售人员管理方法的一些关键要点：

◎采用数据将提供一致性。此方法以数字为基础，而非依赖人格特质。

◎销售经理和每位销售人员一对一坐下谈话，是一种交互式的意见交换场景。通过共同制订技能培养计划，提高销售人员的认同。销售经理鼓励每位销售人员对自己个人的发展积极发表意见。

◎一次只精进一项技能，以确保专注和明确，避免销售人员觉得招架不住或一头雾水。

◎销售经理可以排定时间的优先级，安排亲自指导的机会。销售经理应该采取主动指导，而不只是被动响应。

◎定期分析普通销售人员和顶尖销售人员之间的差异点，改善不足的部分，这样就能稳定推动整个销售团队朝正确方向前进。

◎每个月组织所有销售人员总结思考工作进展情况，寻找个人绩效表现当中进步潜力最大的

部分。这么做将敦促销售人员继续前进，不因自满而停在原地。这也意味着你投入的资金能获得最大的回报。这无疑就是销售人员管理的真谛。

对于一般销售人员的管理，不可否认的一项事实是：

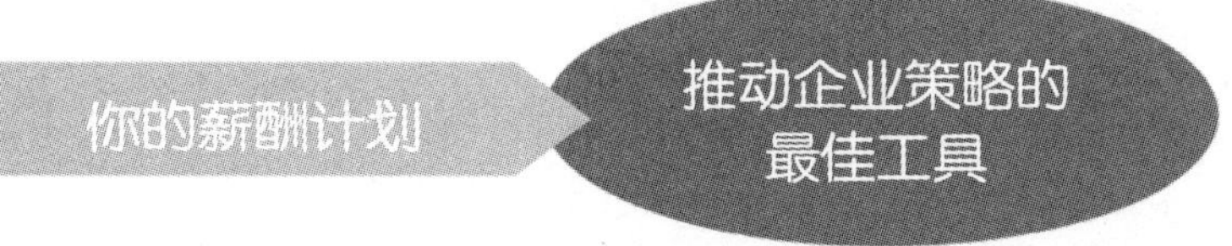

换句话说，如果你想在企业内进行策略改革，不妨改变销售人员薪酬计划。这会让每个人以不一样的方式思考和行动。

所谓的“完美”销售人员薪酬计划并不存在。最好的计划是依据企业发展阶段而订。以HubSpot为例，在成立后的头6年施行过3项不同计划：

（1）最初是“猎人”计划，销售人员通过招揽新顾客而获得最高报酬。

（2）HubSpot 发现“猎人计划”招来许多不忠诚顾客，因此改变策略，转变为“顾客成功”计划。销售人员因为留住忠诚顾客而获得奖赏。

（3）第 3 项薪酬计划着重在“顾客承诺”，针对销售人员使顾客达成长期承诺而提供奖赏。

你会发现，薪酬计划会随着企业发展的不同阶段而改变和演化。好的销售人员佣金计划总是：

◎简单——容易计算，不依据太多变量。

◎统一——跟你想要达成的目标一致。

◎快捷——销售人员行为上的改变能越快通过薪资反映出来越好。

同时也要记住，销售竞赛的效果非常好，在激励短期行为和建立文化方面的成效更是一流。销售竞赛为活动注入趣味的元素，而且能让每个人到处谈论。但前提是要确定竞赛和提供的奖项都是以团队为基础。如果不这么做，你会造就一

种内部环境，让销售人员为了得分在背后彼此捅刀。这对公司一点帮助也没有。

销售人员薪酬计划会带动企业的成果表现。

——马克·罗贝格

还有一样东西应该成为销售人员管理公式的重要部分——从组织内部拔擢人才的文化。通过正式的领导人养成计划，从现有的销售人员当中培养未来的销售经理，为想要晋升销售管理层的人提供机会。

HubSpot 有个为期 12 周的正式的销售领导人养成课程。参加者要阅读和课程有关的背景数据，在每个单元上课前完成书面报告。学员接受完整训练，最后得到证书。课程结束时会举行正式测验，确认学员已经学会并掌握课程内容。

此销售管理训练涵盖的主题包括：

◎如何采用有成效的方式提出负面意见。

◎如何处理下属的冲突。

◎如何培养团队精神和尊严。

◎如何积极倾听。

◎定义与发展自己的领导风格。

◎成功辅导与指导。

为了让课程毕业的学员获得实务经验，HubSpot让每位主管候选人自行选择雇用和管理一位销售人员。这名新进销售人员来公司的前两个月要接受主管候选人的指导、训练和管理。当有主管职缺出现时，在管理一位销售人员任务中表现优异的学员，将被视为已做好升职的准备。

数据显示，新任销售经理最常遇到的难题是：

◎如何学习有效时间管理的技能。

◎常会摆出明星销售人员的架子。

◎太早放弃有潜力的销售人员。

HubSpot 的课程训练和实务训练组合，尝试将这些难题在变成严重问题之前加以解决。在打造自己的企业时，如果你立志自始至终都要从组织内部拔擢人才，或许可以考虑采用和 HubSpot 一样的方法。

四 需求产生公式

推送式营销（比如广告）已死。今天，集客式营销的生产力明显较高。要承认买家正坐在驾驶座上并且主导行动，要协助他们找到你。今天的成功关键是，产生集客式准顾客，再确定这些准顾客持续转变成正式顾客。同样，数据也会指引出达成此目标的最佳方法。

关键思维

今天的买家从互联网获得力量。现代的需求产生策略指的是，不再着重于会造成干扰的推送式营销，而是更重视集客式营销。让买家来找你。

——马克·罗贝格

为了让你的企业在Google搜寻排名最高，一整套辅助产业如雨后春笋般冒出，但那些战术总是如昙花一现，而且最后起不了任何效果。为了在Google或任何其他搜索引擎中得到最高排名，你必须采取两项简单行动：

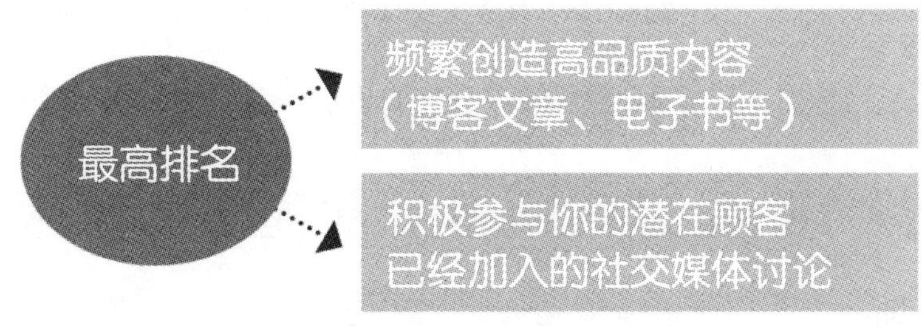

坦白说，这就是你全部的集客式营销策略。如果你那么做：

◎你会契合今天大多数人买东西的方式。

◎那些将来为你贡献最大利益的潜在顾客会发现你的企业。

◎你会开始产生来自Google的网络点击。

◎你会培养出一批社交媒体追随者。

◎当潜在顾客搜寻时，你就会被找到。

无可否认，这种方式的集客式营销得花些时间才能累积动力，但如果有效执行的话，就真能扭转赛局。那么，以下就是产生集客式营销准顾客的方法：

（1）建立公司内部的内容生产流程——找一位记者，坐下来和你的意见领袖团队成员之一聊上大约一小时。不要谈论你的产品——说说你的产业趋势，或是你的顾客常常提出的问题及当下热门话题。

这位记者在离开后应该就能够为你呈现：

◎ 3～5 页关于这个主题的电子书。

◎ 3～4 则预告这本电子书的博客文章。

◎有关这个主题的各种社交媒体讯息。

然后你在自己的博客发布这些内容，在接下来一个月逐步在社交媒体积极发文发布链接。在每则贴文和每篇文章的最后加上邀请讯息，表示只需浏览你网站的某个页面（登陆页面），简单提供姓名、电子邮件、电话号码和公司网址，就能免费得到这本电子书。

（2）扩大你内容的影响力——做法是频繁参与你的目标买家已经加入的在线讨论。找出目标买家阅读了哪些博客，你要亲自阅读并留下聪明的评论，增加你的价值。留言时总是签上你的名字，同时附上超链接，可链接到你的博客或你提供免费电子书的登陆页面。

博主渴望他们的文章获得评论和回馈意见，因此他们通常会响应你的留言。要接触他们，和他们建立关系。你可以邀请他们浏览你的博客，希望他们会有来有往。

在 Twitter 和 LinkedIn 上也是如此。找出对的用户和适当的群组，尽最大努力回答他们的问题。不要直接提到你的产品或推销你的数据——人们会自行发现。要增加价值，多聊聊其他人。这就是在社交媒体上成功的秘诀。如果你是有价值的发文者，人们会想搜寻更多你说过的内容。

注意，如果你关注的是比较不引人注目的主题，竞争对手会比较少。例如，如果你写的内容是关于如何成为一位“IT 顾问”，这篇文章将很难得到高排名，因为每个人都在写相同的东西。但如果你写的是有关“中小企业的 IT”或“托管 VOIP 的安装”，情况就好多了。你或许会得到比较少的搜寻次数，但响应的人可能比一般大众更符合你的要求。要谈论会吸引你产品买家的主题。

然后你要如何把这些集客式准顾客转变成收入来源呢？许多公司有负责产生准顾客的营销部门，还有接手这些准顾客转变成销售额的销售部门。

你必须小心，不要将集客式营销产生的所

有准顾客直接交给销售团队。必须先筛选，否则销售人员会被低质量的准顾客淹没。有些公司试着为他们的集客式营销准顾客“打分数”，但这种做法很快就会变得太过复杂。

比较好的做法是依据买方历程和买方角色决定移交的时间点，方法如下：

◎就大企业而言，你可能想在问题教育阶段就把准顾客交给销售人员。这些准顾客是赚取可观收入的机会，因此立刻让销售人员接手是合理的选择。

◎就中型企业而言，让营销部门培育这些准顾客，直到解决方案研究阶段再让销售人员介入，或许比较合理。

◎就小公司而言，营销部门应该能处理几乎每件事。你可能会在准顾客开始认真选取解决方案时，才让销售人员介入。

关于应该何时移交，以上会是不错的基本原则，接着你便要开始追踪数据。观察转换率，以此微调移交时间。你可以分析销售漏斗的绩效表现，再利用资料找出营销部门向销售人员移交准顾客的最佳时机。

销售人员的策略也必须持续演变，在处理集客式准顾客方面一次比一次进步。具体说明如下：

（1）抛弃电梯简报——不要向你遇见的每个人发表同一套推销话术。当发现已经被你的内容吸引的潜在买家时，你必须采用更紧扣脉络的方式来进一步影响他们。你必须利用和他们所接收数据紧密相关的内容来吸引他们注意。如此一

来，他们会认为你的公司聪明、有帮助并且跟自己密切关联，而不是在强迫推销。要把销售转换过程看成一种对话而非独白。

（2）电话先打给低层员工，再打给高级管理人——预期第一个联络你的人可能不会是最终决策者。和初始联络人往来，尽你所能提供更多免费信息和免费咨询。和他们建立信赖关系，传递给他们更多信息，好让他们成为他们组织内其他同事的“教练”。一旦帮过他们之后，你就可以联络真正的决策者，告诉他你一直在和他的团队合作，希望他提供机会一起研究让双方关系升温的方法。

（3）总是依照关系深浅程度排序——而不是字母顺序。先联络曾经浏览过你的网站、表现出浓厚兴趣和高度意愿的人，再回头处理较不活跃的准顾客。利用多种接触顾客的途径来规划你的顾客开发活动，而不是对所有准顾客一视同仁。

总之，集客式销售所要求的技能组合和推送式销售不同。为此，许多组织现在已经成立不同专门团队负责处理各类型销售。如果你有一个团队专门处理集客式准顾客销售，另一个团队负责推送式销售任务，双方人马将在各自领域有更好的表现。或者你比较喜欢有人帮忙两个团队执行最后的成交工作，你的集客式和推送式销售团队可以处理预备阶段的每样事物，再由专人执行最后的成交工作。

在大公司里，销售和营销部门彼此水火不容的情况并不罕见。销售人员会揶揄营销人员的工作，反过来营销人员也会如此。在买家主导的世界，这种关系可能对潜在顾客造成相当程度的负面影响。

有一个让每个人同心协力的好方法，就是建立正式的“销售与营销服务等级协议”（SLA）。SLA 把存在于关系中的主观和非量化的一面，用

定义完善的指针和量化的目标取而代之。

SLA 应该定义以下事项：

◎准顾客何时移交给销售团队。

◎准顾客的质量如何决定。

◎公司营收中营销部门所占配额——营销部门预期创造多少营业额。

◎销售人员预期会在多短的时间内对各个准顾客采取行动。

◎后续追踪活动的质量。

接下来要传阅每日报告，这份报告其实就像是仪表板，记录销售和营销部门在达成目标方面表现如何。在这份每日报告中，你用图表说明哪些准顾客在指定时间内还没有继续追踪等细节，对销售和营销团队设定精确的定义、期望和目标。

五　善用科技

你必须为销售人员备妥科技工具，这能协助他们销售得更好、更快、更有效。善用科技能提高行政管理效率、加强买家经验，同时能使销售人员在适当时机以最有利的方式吸引买家。最重要的是，利用科技让销售人员的销售时间最大化。

如果观察几十年来已在销售部门应用的科技，你会发现大部分都是在协助销售经理，而不是第一线销售人员。事实上，许多工具最后只是让销售人员增加书面工作而已。

这样当然没有用。现代销售科技提供显而易见的两个机会：

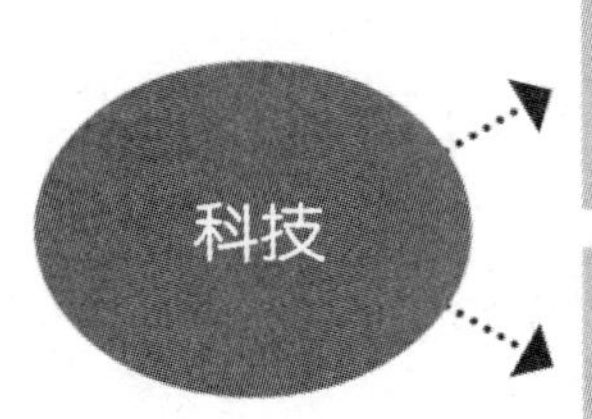

HubSpot 已经发展出能善用这两个机会的聪明科技。具体说明如下：

◎ HubSpot 开发的浏览器附加组件 Sidekick，让销售人员能用来加快准顾客数据的搜集流程。当销售人员利用 Google 并点击一项搜索结果时，Sidekick 会用侧边栏提供该公司相关数据——简介、地区、营业额、关键主管等。只要点击一下，Sidekick 就能帮助销售人员把所有这些数据自动加入顾客关系管理数据库。销售人员不必手动移转信息，此流程已经自动化。

◎ HubSpot 也采用顾客开发流程自动化的科技。软件会挑出一位准顾客，提供和过去联络情况有关的信息，如拨出电话、记录语音信箱留言、自动准备追踪电邮、发送电子邮件以及安排后续追踪时间。所有这些工作自动化之后，销售人员就能花更多时间与潜在顾客谈话，减少行政工作的时间。

◎ HubSpot 利用科技追踪个人和企业在销售漏斗中的位置。通过核对买方历程，提供哪种营销资料将推动潜在顾客前进的建议。

所有这些活动自动化之后，不只销售人员能完成更多工作，销售经理也能取得更多信息来管理销售漏斗。销售经理能辨别哪一类准顾客能带来更多利润，还欠缺哪一种营销利器，以及销售团队对所有可用资源的利用效率。

HubSpot 的 Sidekick 也处理电子邮件。当你使用此软件开启电子邮件时，关于寄件人的详细数据会以跳窗方式显示。然后只要一个点击，你就能把这些信息加入自己的顾客关系管理系统。Sidekick 应用程序可在 www.getsidekick.com 免费下载。

除了将那些耗费销售人员时间的工作自动化，你也应该持续进行销售实验。总是有新的、更好的销售方法存在，拥有实验的文化是不可多得的优势。

关键思维

持续改善乃是卓越团队的核心原则。我们HubSpot也有一个称之为“下而上”的创新漏斗存在。我们最具突破性的点子不一定来自主管或高层，反而来自第一线。这些点子来自于和潜在顾客对话、正面迎战竞争对手以及天天和顾客往来的基层员工。

——马克·罗贝格

若要解决特定问题，HubSpot会举办“黑客松”（hackathon）——指定一个特定问题，对这问题感兴趣的任何人都可以出席，通过脑力激荡得出解决方案。黑客松在下班时间举行，通常有比萨和啤酒助兴。HubSpot 举办的黑客松，经常会有几百个人出席，贡献他们的想法。

这些黑客松非常简单：

◎主办人说明和界定问题及其相关脉络。

◎任何一个人都有 2 分钟时间向小组说明他们建议的解决方案。

◎所有点子都会记录在白板上。

◎所有点子都提出后，投票选出前 10 名，每个点子指派一名小组领导人。

◎出席者喜欢哪个点子就参加该点子的开发小组。

◎每个小组花 1 小时讨论各自的点子，并设计实验来测试他们提出的建议。

◎晚上活动结束时，每个小组向大会简要报告他们的想法。

接下来，参与各小组的某些成员会执行小额

投资的简单点子。至于需要巨额投资且前景看好的点子，该小组会受邀向公司管理层报告，管理层会决定是否出资。获得资金赞助的所有点子随后会纳入公司的创新管理，和其他创新提案以相同方式进行追踪。

多年来，HubSpot 一直在幕后持续进行许多不同实验。其中有些获得惊人成功。例如 HubSpot 的伙伴计划、公司的国际扩张以及公司销售方法的高效升级，全都源自于小规模的实验。无可否认，HubSpot 也有过一些失败的实验，但从未造成任何大灾难。实验孵化了一些伟大的点子。

关键思维

为什么在重大改变前，不先进行小规模的测试呢？依照特定公式来进行实验，你就能对实验的效率和效果充满信心。

——马克·罗贝格

HubSpot 针对这些成长实验类型所采用的公式是：

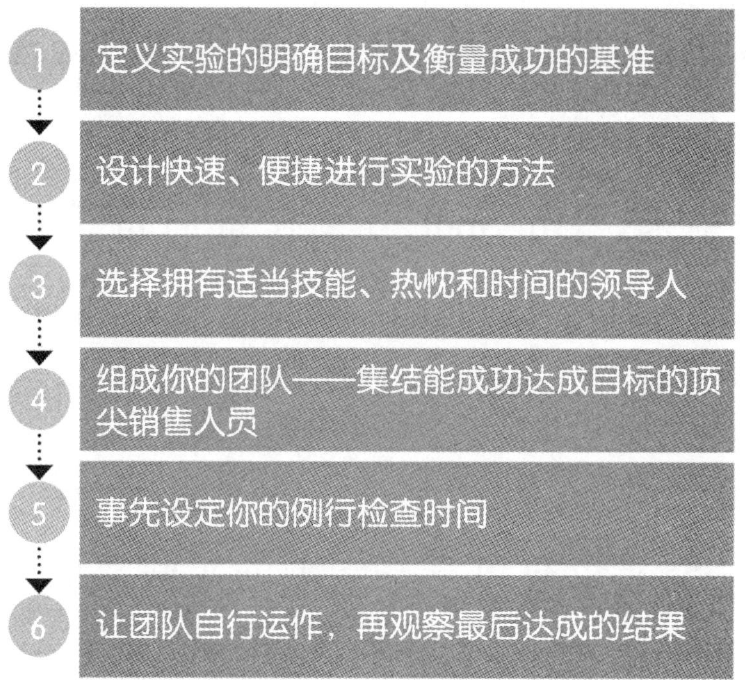

HubSpot 依据这个公式发展实务上的创新和实验文化。如果进行实验的点子奏效，团队就能雇用更多人继续发展成长。如果点子行不通，团队成员就返回原本的角色岗位。

多年来，从顶尖大学毕业的最优秀和最聪明的学生，追求的是投资银行家、管理顾问、工程师、创业家、律师和医师之类的高报酬职业生涯。不过，我相信这种情况将会改变。顶尖学生开始了解，高薪收入的职业生涯在销售业。我们所有人都应该期待销售领域出现这样的发展。

——马克·罗贝格

新菜鸟精神

工作环境变化再大也不怕的10心法

Rookie Smarts

Why Learning Beats Knowing in the New Game of Work

原著作者简介

利兹·怀斯曼（Liz Wiseman），怀斯曼集团创办人暨总裁，该集团专精于领导力研究。怀斯曼负责对企业主管与接班领袖讲授领导课程，客户包括苹果、迪士尼、eBay、Facebook、GAP、基因泰克公司、微软、Nike、Salesforce.com与Twitter。并经常受邀担任专题讲者，文章常发表于《哈佛商业评论》及其他商业与领导刊物。早先于甲骨文公司担任主管，曾任甲骨文大学的副校长暨人力资源发展部门的全球主管。毕业于杨百翰大学。

本文编译：许恬宁

主要内容

还是菜鸟心态好

在一个善变、不确定、复杂和模糊的世界，经验反而意外地成为累赘，有时懂很多还不如什么都不懂。道理很简单，因为不懂，你就会学习，学习才可能发现自己不知道的事，得到全新的体会，做出完全不一样的事。

如果你仔细思索，不难发现被视为菜鸟必修学分的“犯错”，却是老鸟的奇耻大辱。你的成功事迹愈多，反而成了愈来愈紧的紧箍咒，于是你自然而然趋向谨慎保守，但一旦想打安全牌，鸿鹄大志也就离你远去。

初生之犊则完全相反，因为阅历不深，也没什么害怕失去的，他们敢说敢做且无所畏惧。相较于战功彪炳的职场老兵，刚进社会的菜鸟新兵反而因为天真、毫无头绪获得“犯错”的权利。借用美军术语，新的世界常态是 VUCA 的环境——善变、不确定、复杂和模糊（volatile，uncertain，complex，and ambiguous），允许犯错无疑是最有利的生存条件。

菜鸟老鸟，差别在心态不同

然而，更值得深思的是，为什么老鸟会失去年轻时敢说敢做、无所畏惧的勇气呢？你能察觉到自己是从什么时候开始变得保守和回避风险吗？成长到一定规模的大型企业面对同样的情境：规模愈大，涉及的利害关系人就愈多，这导致它们宁可拒绝有价值的商机，也要选择让自己安心的做法。

公司部门和个人都是如此。好不容累积了数十年的经验、形成无价的认知及宝贵的知识，原本是进步的象征，为何会变成失败的祸根呢？专精于领导力研究的作者利兹·怀斯曼提出了菜鸟与老鸟 4 种不同的思维模式，点出其中导致沙场老鸟失败的原因。

（1）一个是没什么好损失的背包客，一个是誓死保护过往成绩的看守人。

（2）一个是高度戒备的猎人或采集者，一个是过度自信的地方导游。

（3）一个是小步前进的过火人，一个是大步前进的马拉松选手。

（4）一个是临场发挥的先锋，一个是遵守规范的定居者。

怀斯曼把好奇、灵活且年轻的心态称为菜鸟智慧。对今天的知识工作者而言，过时的知识比无知还可怕，持续学习的能力比精通某个领域更有价值。

激进保守，差别在时代不同

初生之犊其实很脆弱，却因无知而无惧。相反，你可能已经比刚入职场时更有经验和能力，却反而安于现状画地为牢。如果时间退回上个世纪，这样的做法也许还行得通。但我们不得不提醒你：市场和竞争对手永远不会停滞不前。事实上，你如果不持续自我要求保持进步的话，就会逐渐落后于那些积极奋发的竞争对手——甚至有些对手今天还不存在，明天就出现了。

“活到老，学到老”不再是老掉牙的谚语，而是警语。就像美国前总统艾森豪威尔说过的：“计划本身微不足道，制订计划才是最重要的。”

我们也可以得出一个结论：知识本身微不足道，追求知识才是最重要的。未来属于抱持菜鸟精神、永远不停止学习的人。

学习比经验更重要

我们不时会看到，对某个领域什么都不懂的菜鸟，最后却打败拥有多年业界经验的老鸟。这样的现象表明：只要是涉及新的工作模式，大部分情况下学习比经验更重要。菜鸟智慧就是这样来的。

道理很简单，如果被派去做不熟悉又具有挑战性的事，你会强烈意识到自己的不足之处。因此，你会忙着找出自己该怎么做。你会找人谈话，询求大家的意见，对所有一切都不敢等闲视之——结果往往在其他人都墨守成规时，你反而能成就一番了不起的事业。

菜鸟智能是一种心态，而不是指在一项工作上做了多长时间。你可以选择采取菜鸟智慧的

心态，不要让自己自然而然地跑到“老鸟的舒适区”。关键在于对待生活和工作，要一直保持在学习曲线上。

从一起工作的人身上撷取智慧，做一个快速学习的人，你就可以让事业枯木回春，一次又一次找回自己的菜鸟活力。

关键思维

世界快速变化时，经验反而可能拖累我们，使我们食古不化，困在过时的做事方法里。此时没有经验反而是好事，让人能随机应变，迅速配合不断变化的情境。幸运的是，就算是最有经验的专业人员或组织，也能汲取自己的菜鸟智慧。努力在学习曲线上生活和工作的人，可以使自己的事业更具活力，更能在新的工作模式中取得有利的位置。

——利兹·怀斯曼

菜鸟智能的模式与心态

不管在哪个领域，业界菜鸟如果能打败老鸟，是因为他们活在学习曲线上。他们不怕尝试新事物，因为他们不知道什么事情行不通——这也意味着他们没有任何盲点，也不会因循守旧。幸运的是，当个菜鸟和年纪无关，也和你在某个行业待了多久无关。真正重要的是你的思考方式。

关键思维

打造诺亚方舟的是外行人，泰坦尼克号却是专家建造的。

——理查德·尼汉，加拿大幽默专栏作家

根据400多个职场系统分析显示，菜鸟（以

前从未做过相关工作的人）之所以能一再击败老鸟（拥有该领域实务经验的人士），原因如下：

◎菜鸟一般喜欢创新，愿意接受不一样的做法。

◎菜鸟会立刻请教别人的意见，并且照着做。

◎菜鸟知道自己还有很多要学的，因此会努力加快学习脚步。

◎菜鸟没有盲点，也不像老鸟那样认为事情一定得如何处理。

想要施展菜鸟智慧，只要采取4种菜鸟心态，并且避开4种老鸟的思维模式：

请注意，保有菜鸟智慧是指你强烈意识到自

己在做一件从来没有做过的事时会如何思考和采取行动。菜鸟和老鸟的思维模式不在于区别谁是哪种角色，而是取决于我们会不自觉地采取哪种行为模式及设定的角色。你完全可以在工作的某个方面采取菜鸟模式，而同时间又在别的地方采取老鸟模式。

当你采取以下 4 种截然不同的模式时，菜鸟智能就会出现。依序介绍如下：

1. 背包客

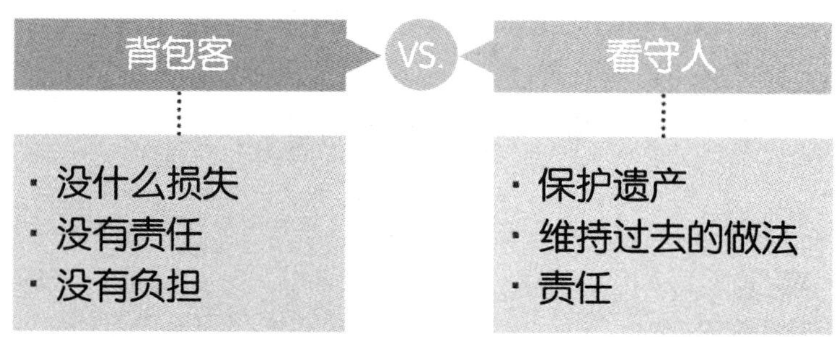

许多企业经理人就像看守人。他们拥有优秀的记录，还可能立过汗马功劳。他们誓死保护过往的成绩，因此通常会把时间和精力放在维持现状上。此外他们也接受传统看法，深信自身所处

产业怎么做比较实际、怎么做根本不可能达成。他们会依循传统老路，常采取防备的心态，试图保护自己的资源。

相较之下，菜鸟的行为比较像背包客。他们没什么怕失去的，因此能够接受新的可能性，愿意用新方法做事。背包客会兴致勃勃地探索新领域，做事的时候会全力以赴。此外，由于菜鸟不必捍卫自己的名声，他们愿意寻找因地制宜的新做法，而不会自然而然地接受过去的最佳做法。

然而，如何才能培养背包客心态，即使你已经在业界待了一段时间？以下是几点建议：

（1）养成问天真问题的习惯——只有新人才会问的那种问题。尤其要问那种一针见血、能把根本目标和需求带到台面上的问题。问题要够简单清楚。你问的问题愈基本，就愈有可能得出新的可能性。

（2）从心理层面把一切清除干净——完全重新开始。学校很擅长此道，它会用学期界定一个清楚的开始和结束，让大家可以看清自己的成就。你也可以为自己和团队定出定期的里程碑，然后把一切清除干净，完全不受过去拖累重新开始，让每个人都有机会探索新世界，而不是一直重复做同样的事。

（3）释放资源——让资源脱离你的直接掌控，然后顺其自然。事实上，你可以重新拟定预算，问自己："如果不用顾虑任何人的话，我现在会怎么做？"重新思考新的机会与可能性，把预算用在真正有热情的事情上。

关键思维

知道得愈少，你就愈深信不疑。

——波诺，U2 乐团主唱

这世上有一些最伟大的成就，就是来自不够

聪明、不懂得事不可为的人。

——道格·拉森，专栏作家

有的人以为我们是碰巧走运才成功，但我们一路走来提出了许多有趣的问题。

——布莱恩·乔菲

匡威运动鞋品公司副总裁暨全球创意总监

在花了数年时间变成黑带之后，你就会非常习惯空手道的规矩。你会在对打前与比赛结束时向对方鞠躬，并且见招拆招。对打有时像是在下国际象棋。当你上场遇到一个还不清楚那么多规矩的绿带选手，你才正要和他握手，他却直接踢了你的头。

——史蒂芬·格雷厄姆，武术大师

2. 猎人或采集者

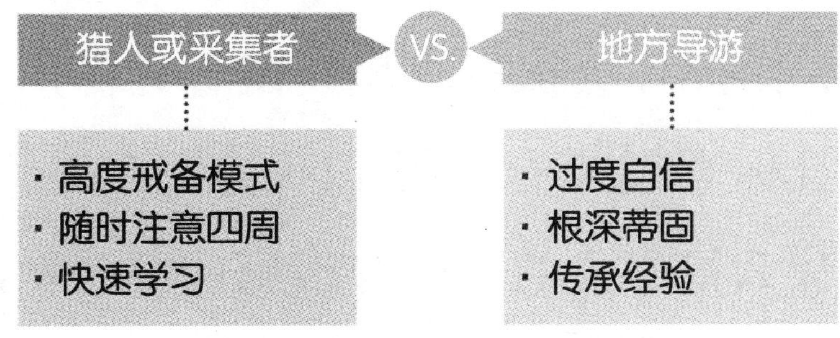

菜鸟的思考和行为，就像靠机智求生存的猎人或采集者。他们知道自己处于不熟悉的地盘，因此会提高警惕，永远处于戒备状态。他们深知自己缺乏经验，因此会用很快的速度学习，并因此做得很好。

经验丰富的人，尤其是主管，则相反。他们很容易进入地方导游的模式。因为他们什么都看过了，因此只会找符合他们已经知道的事或是符合他们预期的数据。这种人依循固定模式做事，安稳地盘踞在自己的组织里。他们喜欢施展自己的智慧，告诉大家什么可以做、什么不能做以及其中的缘由。

猎人或采集者会寻找与捕捉食物。当进入菜鸟模式时，你承认自己没有可以依赖的资源与专业知识，因此你会探查环境，试着弄懂周遭的一切，而且你觉得找专家帮忙不是什么丢脸的事。因为没什么怕失去的，所有得到的都是赚的，因

此你会学习专业技能，然后如获至宝般带回家。菜鸟很脆弱，他们会毫不犹豫地动员众人的集体智慧。当处于猎人或采集者模式时，你必须伸手去拿别人的点子并加以运用。你愈能转换立场或改变自己的观点，你就愈能向他人学习，当菜鸟的好处就愈多。

更常成为猎人或采集者的方法是：

（1）让自己的心态回到完全还是新人的时代——重温当时的感受，复习当初做的事，回想当时是如何面对挑战。再次把自己当成新人。

（2）让自己的专业技能更多元——建立人脉，寻求专业的建议。试着把 4 ~ 5 位专家加进你的人际网络，多向他们问问题，寻找有用的模式。

（3）试着向年轻人请教——请资历浅的同事教你新方法与新科技。你可以提出建议：如果他们愿意教你用聪明的方式使用新科技，你可以让他们清楚了解事情发展的状况。

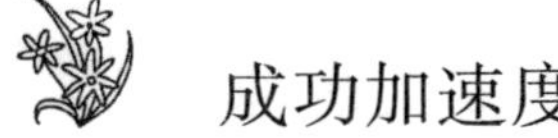

（4）养成和陌生人聊天的习惯——你永远不知道新鲜的想法会带来什么结果。找出思考方式和你截然不同的人，向他们学习。若能改变流入的信息流，你的思考将会更开阔，人脉也会更宽广。

（5）画一张图——站远一点看，把业界的关键人物画出来，看他们遵守了哪些原则或看重哪些事物。然后想一想你可以向哪一个人看齐，为你的顾客创造更多价值。陷入瓶颈时，一定要找到专家帮助你重新出发。

（6）跟别人借工作——和别人交换一天工作，看看能学到什么。如果有可能的话，去找别的部门的同事，提议交换岗位工作几个星期。新看法与新点子将如猛烈炮火般出现。

关键思维

只要开口求助，我从未碰到过不愿意提供协

助的人。我 12 岁的时候打电话给 HP 创办人威廉·休利特："嗨，我叫史蒂夫·乔布斯，12 岁，正在念中学，我想做一个计频器，不晓得你有没有多余的零件可以送我。"休利特大笑，并送我零件做计频器，那年夏天还给我一份 HP 的装配线工作，让我组装计频器的螺丝和螺帽。大部分的人都不会开口，而有时那就是为什么有的人真的动手去做，有的人则只是想想而已。

——史蒂夫·乔布斯

3. 过火人

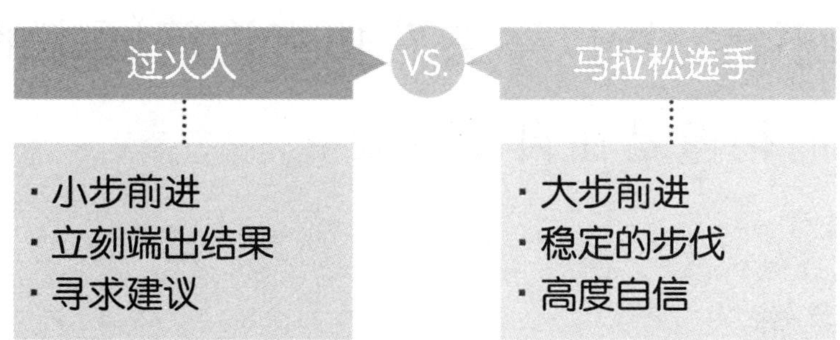

过火是一种古老仪式，但也是一种物理定

律的示范。技术高超的过火人永远不会停下脚步——他会快步踏过木炭，让脚底板和火热的木炭接触的时间短到不足以造成烧伤。优秀的菜鸟也是那样——他们弄不清楚自己在做什么，所以他们会大胆又快速地行动，而且做好心理准备，发现情况不对就立刻转向，换一条路走。

菜鸟的行为和有经验的人士很不同，后者比较像是马拉松选手。经验老到的专业人士长年下来在工作质量上获得正面评价，因此他们很习惯以稳定舒适的步调工作。老鸟知道前面的路还很长，所以很自信地大步向前。老鸟很容易自以为做得还不错，所以不会费功夫询问顾客的意见，结果有时很像是在自动驾驶。

关键思维

经验老到的人可能愈走愈偏，他们误以为自己是对的，觉得自己什么都知道，结果和现实完全脱钩。这并不是因为他们没有去“打高尔夫”，而是一点一点发生的。一开始是变得自大，每个人都唯他马首是瞻。这一切发生在不知不觉之中，他们完全没发现自己已经变成那样的人。

——布莱德·斯凯尔顿，Depth Industries CEO

想让自己变得更像过火人的方法是：

（1）养成步步为营小步前进的习惯——先从自己擅长的地方开始，然后往你想去的方向小步前进。你可以转变方向做不一样的事。如果行不通，退回来也很简单（也不会太昂贵），然后再转向别的方向。菜鸟会采取每次一小步并且谨慎计算风险的方式，努力往前迈进。

（2）立刻端出结果——让你可以和相关人士一起校正产出的结果。实际上，聪明菜鸟会仔细留意让自己能有一番作为的机会，刚开始的时候小步前进，接着迈开大步才可能一鸣惊人。精益法的基本精神也是这样：实验、回馈、改进、学习与不断反复调整。

（3）积极寻求回馈与指导——现学现卖，快速学习。菜鸟会寻求每个人的建议，而且记在心里。这使得他们在努力缩短知识差距时，永远学得很快。回馈可以让原始数据转化成智能。

（4）打造一个可以安心实验的天地——找出工作中哪些方面务必力求完美，哪些任务即使失败了也没关系。接着把容许失败的工作当成你的实验室，在不会伤害到相关人士的情况下尝试新点子。踏出一连串小心谨慎的小步伐，冒一点险，然后反复调整，直到找到稳妥的解决方案。

（5）做好亲手处理的准备——贴近你的顾客、相关人士与员工。不要通过二手的方式取得信息，而要亲临重要现场，以第一手的方式

体验。

知识最大的敌人不是无知，而是以为自己知道。

——史蒂芬·霍金，物理学家

当我们想要伸手触及超出目前能力所及的范围时，我们会敞开心胸向身边所有的一切事物学习，并且采取不一样的心态——这就是我所说的菜鸟智慧。

——利兹·怀斯曼

4. 先锋

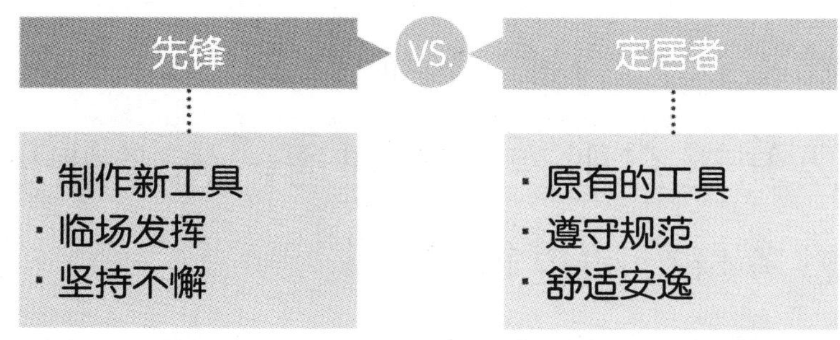

菜鸟通常是开路先锋或拓荒者。他们进入新领域，日日开疆辟地，试着做不一样的事。菜鸟知道自己经验不足，因此会让自己靠“勤”来补拙。

相较之下，有经验的人比较像定居者，他们会住进自己的舒适圈，然后待在那里不动。定居者依赖既有的资源，永远遵循已经定下的步骤。他们不会主动寻找更好的做事方法，而会渐渐变成“我们在这里就是这么做事”。

要当个菜鸟，就得习惯在边缘游走，不能固守中庸之道。先锋常要打造新工具，建立新架构，菜鸟也是一样。你必须在一路前行的时候，自己摸索出一番道理，并且对自己有自信，相信自己能够抵达目的地。除此之外，你也必须见机行事，要知道穷则变，变则通。先锋就是这样，菜鸟的思考与行动也得是这样。

此外还有一件事：先锋没有固定的工作时

间。他们不会下午5点就下班回家，他们永远都在应付突发状况，一刻也不松懈。这是菜鸟心态的另一个关键。身为菜鸟，面对自身知识与能力的众多不足之处，你必须疯狂工作才能胜出。除了要想尽一切办法学习和反复调整，在解决挑战的时候也要不屈不挠。

以下几个办法可以帮助你建立先锋的心态，让自己处于“不舒适圈”：

（1）从事自己不在行的事——应征那些目前显然还没有资格做的工作。不要运用目前的优势，改行去做那些会迫使你进入学习模式的工作。不妨接受新领域的工作或是争取在组织里承担更多责任。你也可以去挑战极限运动。以上这些事都会迫使你离开自己美好的舒适圈。

（2）成为某些领域的“半专家”——换句话说，看看在不同的领域，自己能以多快的速度抵达学习曲线的中间。与其孜孜不倦花数千小时专门练习一件事，不如以飞快的速度学习某个领域的基本知识，然后下功夫研究那个领域的最新发展。和专家谈一谈，避开风险。通过向真正能帮上忙的专家学习，快速超越他人。

（3）把某个大问题当成你的事业目标——把自己和那个问题绑在一起，让问题拖着你进入新的学习空间。别带着成见或传统看法往前冲，而要根据实际的情形得出新的解决方案。如果你选了深具挑战性的问题，那个问题就会让你重新出发，你不得不当个菜鸟。

（4）勇敢前进到最前方——那才是真枪实战的地方。卷起袖子开始做事，培养斗志，开始探索。不断强迫自己学习新事物十分累人，但旅途本身会令人振奋。菜鸟永远是开路先锋。

关键思维

爬完一座大山之后，只会发现还有更多山

要爬。

——纳尔逊·曼德拉，南非前总统

愈接近极限，就愈能超越极限。

——罗宾·夏马，《唤醒心中的领导者》作者

资源愈是匮乏，愈懂得随机应变。

——K. R. 斯里达尔，布鲁姆能源 CEO

培养新手优势十心法

想让你的组织及员工像菜鸟一般思考和行为，心法如下：

尽全力让自己被炒鱿鱼	1	6	经常牛刀小试
扔掉笔记本	2	7	建立重新开始的仪式
和业余者为伍	3	8	重新思考管理人才的方式
从领导者变成学习者	4	9	给新人发声的机会
踏进不舒适圈	5	10	让主管再次变新手

1. 尽全力让自己被炒鱿鱼

若想帮自己注入（或是再次注入）菜鸟的神奇魔力，最好的办法就是找回最初“没什么好失去”的心态，再次以那样的心态做事。问自己：“如果不怕丢掉工作，我现在想做什么事？”然后就真去做那件事。

做新人时你不会想太多。你不会一边试一边告

诉自己行不通，而是会一头钻进去，跟着感觉走。挑战自己的极限时，你会忙到没力气担心别的问题——你只想存活下来。要让自己重拾那种感觉，用那种感觉替自己的创意思考再度注入活力。

菜鸟是求知欲与探索欲极强的人。他们抱着每件事都很有趣的心态，但也会用心追求自己的目标。他们通常是终身的学习者，热衷于了解自家产业的一切。如果想和他们一样干劲十足，你必须决心成为永远的菜鸟。

永远的菜鸟有 4 项明确特征：

（1）想当个永远的菜鸟，你必须强烈渴望学习自身领域的一切事物。你必须求知若渴，不断

寻求新鲜体验。菜鸟对学习永远贪得无厌。

（2）菜鸟也是谦虚的人。想当永远的菜鸟，你必须拥有受教的心态，而且坚信身边的人可以教自己很多事。你必须愿意向身边的每一个人学习。

（3）新手没什么好失去的，因此会以游戏的心态面对挑战。想当永远的菜鸟，就要让工作变成游戏，好好享受正在做的事。

（4）新手会用心了解自己的任务。他们会留意自己需要完成什么工作，不会被吓到。要当个永远的菜鸟，就要把大方向放在心上。

当你拥有多年资历而且事业成功后，还要维持菜鸟的心态并不容易，不过这并非办不到的事。你唯一需要做的，就是依旧保持对身边的事物感到惊奇。

全盘了解后所学到的才重要。

——约翰·伍登，美国职业篮球教练

2. 扔掉笔记本

C．K．普哈拉多次荣登全球最优秀的商学院教授与管理大师排行榜。他2010年过世时，他的妻子在纪念仪式上提到，每次丈夫在新学期开始扔掉自己的教学笔记时，她总是很担心。有一次她从垃圾桶里捡回珍贵的笔记，交还给普哈拉，结果普哈拉说那确实是要丢掉的东西。他说："我的学生永远都应该听到我最好、最新的想法。"

这也是一种保有菜鸟智慧的方法。扔掉你目前正在使用的东西，包括小抄、精心写好的讲稿、工作范本——所有一切通通扔掉，重新开始。那是带来更多新鲜菜鸟思维的最佳方法。

关键思维

我喜欢别人和我唱反调，因为那让我不得不更加努力思考。当别人证明我错了，或是我学到新东西的时候，是我一天中最棒的时刻。

——摩伊·瓦希德，PayPal资深工程经理

胸有定见是最糟的人生态度，好奇心则是最强大的力量。胸有定见会妨碍你学习，好奇心则会带来转变。

——亨利·克劳德，临床心理师

大量的新信息不断快速出现，让人吃不消。我们需要的是够聪明、学习速度够快、够谦虚的人，这样的人不需要凡事都知道。

——赖兹罗·巴克，Google人力资源总监

3. 和业余者为伍

如果真心想当个永远的菜鸟，就要养成永远

和新人一起工作的习惯。相较于和经验丰富的同事待在一起，不妨多和业余人士相处。

塞尔吉奥·马尔奇奥尼是说明这项原则的好例子，59 岁的他是克莱斯勒集团董事长兼 CEO。被委以拯救公司的重大责任后，他做的第一件事就是搬出豪华的 CEO 办公室，改坐在设计与工程团队旁的办公室。接着他花时间待在工厂，在装配生产线工作。做了这些事之后，马尔奇奥尼开除了公司大部分的资深经理，然后亲自挑出 26 位年轻干部取代他们的位置，这些年轻经理们直接向他负责。马尔奇奥尼不但直接亲临生产第一线，在他振兴整间公司时，这些年轻经理也为他注入活力。

这则故事的意义很简单：如果你想要新鲜的点子，那就多接触组织基层的新人。他们才刚入行，通过他们的眼睛看事情很有用，不妨花时间和精力听听他们的意见。

关键思维

21 世纪的文盲不是不会读写的人，而是无法学习、不肯学习及不愿重新学习的人。

——阿尔文·托夫勒，作家

我们开了数百间新公司，涉足的项目绝大部分是我们一无所知的产业。然而经验不足反而让我们得以永远专注于用不同的方式做事，而不是花精神想为何做不到。我们因此获得其他公司所没有的自由，不会像他们一样被过去学到的经验与产业发展历程束缚手脚。

——理查德·布兰森，维珍集团创办人暨 CEO

4. 从领导者变成学习者

重拾菜鸟心态最简单的方式，就是把自己的头衔从“领导者”改成“学习者”。当你的心态从领导者的胸有定见，变成一切懵懵懂懂的

学习状态，神奇的事将会发生。

心理学家对“确认偏误”现象有大量的探讨。基本上，这指的是人类天生喜欢符合自己看法的信息，忽略其他不符合自己看法的信息。我们越被当成一个领域的专家，就越不会去找证明自己错误的信息。

为了不陷入确认偏误，你得不断提醒自己：你并非无所不知，而是终身学习者。要做到这点你可以：

◎列出“我不知道”清单——然后和每一个人分享。坦诚自己不是什么都知道，你的无助会让别人愿意帮助你。

◎来一次“假设”的稽查——写下你目前的假设，然后逐条检视，看看目前的证据是否支持那些假设，还是出现了相反的证据。定期更新假设，找出你的世界观发生什么样的变化。

◎找到能教导你的初级员工——请他们提供

见解与建议。你会对他们提出的点子大感惊艳。

◎跟别人借工作——和他们交换岗位工作一星期或是更长的时间。那将迫使你重返学习模式。

◎问天真的问题——直捣核心议题，并且死守到底。

关键思维

最好的领导者是学习者。他们知道什么时候该胸有成竹地领导众人，也知道什么时候该切换成学习模式。领导者如果能重拾菜鸟心态，组织就会上行下效。

——利兹·怀斯曼

5. 踏进不舒适圈

强迫自己进入菜鸟模式的一个好方法是踏进不舒适圈，接受意想不到的挑战。具体来说，有两种办法可以做到这件事：

（1）接下你完全无法胜任的工作或计划——然后手忙脚乱地以最快速度进入状态。因为不游就会沉下去，你肯定会加速学习。

（2）站到最前线——代表你接受挑战，强迫自己站在产业最前线。做非常不一样的事将逼你重返菜鸟模式，特别是组织里每个人都在注目的计划。

何时该接受新挑战？这个问题没有一定的答案，只能依据经验判断。出现以下10个信号时，就要小心：

（1）每件事都很顺利。

（2）你只得到正面的回馈。

（3）你再也不必努力思考，只需要自动驾驶。

（4）开会不必提前准备，因为你已经知道所有的答案。

（5）你不再每天学习新事物。

（6）你很忙，但感到无聊。

（7）你拖着沉重的脚步去工作。

（8）思考未来让你感到疲倦。

（9）你的看法愈来愈负面，但你也不明白为什么。

（10）你花很多时间帮别人收拾残局。

出现上面的情况就说明你需要新挑战。

6. 经常牛刀小试

若要进入并保持菜鸟模式，你接受的任务必须具有挑战性，让人不舒服，但并非不可能做到。

保罗·麦卡特尼是个好例子。甲壳虫乐队在1969年解散后，他决定重返乐坛，只是这次要用不一样的方式。麦卡特尼和妻子以及其他两位乐手组成“羽翼合唱团”，开始在各地的大学表演。这个乐队会出其不意地出现在大学校园，找到学生会，询问隔天能否表演。麦卡特尼上台的时候，因为完全没有昔日的豪华排场，学生都大为吃惊。麦卡特尼和羽翼合唱团最后发行了5张

非常畅销的专辑。

关键思维

不会对去年的自己感到丢脸的人，八成是学得不够多。

——艾伦·狄波顿，作家

另一个好例子是帮梵蒂冈西斯廷大教堂屋顶作画的米开朗基罗。那是他第一次画壁画——这种画必须在灰泥还没干的时候就涂上颜料，这样颜料才会通过化学反应紧紧附着在灰泥墙上。当初是米开朗基罗的对手向教宗尤里乌斯二世推荐他，希望等他失败之后，教廷会请自己来挽救这个局面。

米开朗基罗雇用了两位擅长壁画的助手，和他们一起并肩工作数个星期，趁机学习必要的壁画技巧。此外他还请两位神学家提供壁画主题的建议，再由自己做进一步修改。他总共花了4年多的时间完成教堂的穹顶画。

这个由菜鸟完成的工程，如今被视为文艺复兴时期艺术界最伟大的瑰宝。对手希望米开朗基罗出丑的幻想不仅落空，就连自己的名字也被后世遗忘。

7. 建立重新开始的仪式

另一个永远当菜鸟的好方法是建立让思考永保新鲜的习惯。以下是几点建议：

（1）每星期走出去和陌生人谈话，拓展自己的视野。

（2）每个季度指定一天为“思考日”，推掉所有约会，利用那段时间学习新东西。

（3）利用一星期的完整时间阅读新书与杂志，寻找新鲜点子。

（4）一星期不上网。

（5）参加其他产业的研讨会。

（6）把键盘收起来一天，改用纸笔。

（7）花一段时间散步，想出新点子之后才回家。

（8）学会沉思。

（9）和菜鸟聊天。

（10）找出可行的方法，再次回到积极学习的模式。

你只需要把握一个原则：例行公事无益于菜鸟智慧。你建立的菜鸟仪式必须定期改变，要不然它最后会变成绑住你头脑的习惯。如果要保有菜鸟智慧，你得不断变化。

关键思维

有时不知道比知道好。菜鸟状态会让人灵光一闪，带来学习者的优势。

——利兹·怀斯曼

8. 重新思考管理人才的方式

如果想让组织享有菜鸟智能，你必须重新思考自己管理人才的方式。不妨考虑试试以下几个点子：

◎征才——在标准的聘雇流程中，寻找带有永保菜鸟特质的人士。那样的特质包括好奇心、谦虚、爱玩、思考周详等等。不要找有经验的人，要找天生学习能力强的人。

◎工作设计——在每个人的职务描述里加进“学习”这一条。你也可以提供横向的工作，让主管每 3 ~ 4 年担负起不同责任。此外你也可以把学习能力列为接班计划的重要条件。

◎抓住人们最愿意学习的时刻——大概会是他们刚接受新职务或是面对艰巨挑战时。从痛苦中重新站起来的人，或是刚有人生重大体会的人，也最愿意学习。留意这样的时机，制订鼓励人们向前的各种辅导、训练与培训计划。

大部分的学习培训专家都知道险境求生的学习力量。他们也都当过菜鸟，在别无选择的情况下只能奋力爬上学习曲线。那么为什么正规培训计划的设计方式却正好相反，试图让坐得舒舒服服的人离开沙发，冲上看不见的山丘？许多组织落入这种培训循环，一直在固定时间执行训练计划。人们不会因为日历说学习的时间到了才学东西，而是因为有需求。

——利兹·怀斯曼

9. 给新人发声的机会

让组织拥有菜鸟智能最简单的方法，就是有系统地采用新人的意见。把最棘手的问题抛给他们，让他们替你想出答案，而不是假设他们懂得不多，派不上用场。

让最没经验的员工负责，大概不是管理新人的最佳方式，因此你要做的不是让他们负责，而是想办法组成团队或指派搭档，结合老鸟的常识与菜鸟的新鲜见解。

如果能以这样的方式让老鸟和菜鸟组成团队，你就可以取双方之所长。不妨用以下几种方式安排搭档：

（1）老成与活力——能够清楚分析问题的老鸟，搭配带来活力与决心的菜鸟。

（2）星探与新秀——利用这样的组合，找出具有潜力的人才，好好指导他们。

（3）顾问与创业者——知道这世界如何运作的老鸟，加上活力十足、想改变世界的创业新兵。

（4）跳出框架——把经验老到和天真无知的

人放在一起，也有可能激荡出好点子。

成立执行团队，让菜鸟与资深管理层组成搭档，是帮助新人发声与注入新鲜思维模式的最佳方式。

10. 让主管再次变新手

另一种取得菜鸟智慧的方法是让主管有机会再次成为菜鸟。这要如何办到呢?

关键思维

我们的研究显示，表现最好的新手是进入新领域的老主管。这样的工作安排除了能让老鸟运用原有的丰富经验，还能引发菜鸟智慧。

——利兹·怀斯曼

要求组织的资深主管接受非本专业领域的新手任务时，你是在培养整个组织的风气。你在告诉大家：学习是好事，做不一样的事对提高未来的竞争力很重要。完成从未做过的事会带来一股活力，而且那股活力会传染。新的点子与知识会自然而然地从那些行动中冒出来。

的确，一般的升迁渠道不会指派新手任务。你得鼓励他们想爬上新的学习曲线并踏进不舒适区，然后在全新领域快速进入状态。相反，如果没有鼓励，他们就会一成不变停滞不前。你让主管再度成为新手时，也是在让他们表明自己已经准备好面对未来更大的挑战。

关键思维

别被过去的历史拖累，放手去做些很棒的事。

——*罗伯特·诺伊斯，英特尔共同创办人*

各位领导者，别让自己或团队画地为牢，只做自己已经知道该怎么做的事。去做菜鸟会做的事，踏进不舒适圈。回到你生平第一次买书的书店，和业余人士交朋友，找回你的菜鸟心态。对各种可能性充满好奇，然后放手去做些很棒的事。

——利兹·怀斯曼

你可以当永远的菜鸟，重新设定心态，学习新的技能，结合过去辛苦得到的知识与经验以及初生牛犊不畏虎的才华和活力。你可以待在学习曲线最陡峭的地方，拿出自己的看家本领，打造永不停止成长的组织或事业。

——利兹·怀斯曼

当比赛环境变得公平且节奏加快时，自认已经理解一切和骄傲的人会被抛在后面。在新的职场世界，赢家将是保持学习的人。

——利兹·怀斯曼

展示与介绍

有图有故事有真相的简报3原则

Show and Tell

How Everybody Can Make
Extraordinary Presentations

原著作者简介

丹·罗姆（Dan Roam），数码罗姆公司创办人兼总裁。这是一家管理顾问公司，专精于商业领域的视觉性思考技巧和视觉性说明技巧。罗姆为Google、eBay、波音公司、通用公司、HBO、新闻集团等许多公司提供咨询服务。先前曾任职于睿城、《莫斯科时报》以及《旧金山湾卫报》。他是经验丰富的专题演讲者，曾出版多本专著，包括《餐巾纸的背面》和《展开餐巾纸》。毕业于加州大学圣克鲁兹分校。

本文编译：黄玩

主要内容

用图说故事

丹·罗姆曾经利用餐巾纸示范如何以简单的涂鸦，通过视觉思考解决复杂的商业问题。今天，同样通过简单的图像，他教导畏惧上台发言的人们，如何用图说故事传达真相，带领听众前往最终目的地。

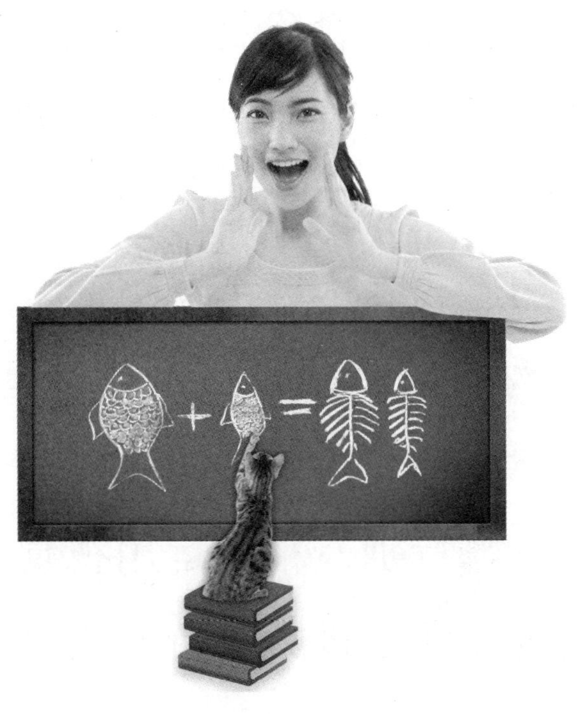

我们从小喜欢听故事，许多知识与人生道理都是从故事中获得的。但是故事却未必人人会说，说得好与不好，更是有天壤之别。

在美国，为了训练孩子上台发言，从幼儿园开始就有“展示与介绍（Show and Tell）”的活动，小朋友会把自己心爱的宠物或玩具带到学校，在与人分享的过程中建立自信、促进语言发展及公开说话的技巧，并在角色互换时学习倾听，培养人际关系。因此，丹·罗姆特别以此为书名，希望长大后变得畏惧上台发言的大人，别忘了沟通与表达自我的基本步骤就是在幼儿园学过的“展示与介绍”。

你善于沟通或表达自我吗

你善于沟通或表达自我吗？你是妙语连珠，让人听得津津有味，还是拙于言词，经常词不达意呢？丹·罗姆特别专精于运用视觉思考技巧来解决复杂问题，而且极力推行使用最简单的线条

图来表达所有概念。如果说2008年出版的《餐巾纸的背面》是示范如何使用视觉做思考,《展示与介绍》便是教导如何使用视觉做沟通——引用作者的说法，就是学会用图说故事传达真相。

学会用图说故事传达真相

无论是一对一进行说明、在会议上对十几个人做简报，还是在公开场合对上千名观众发表演说，当我们说话时，无非是希望对方听完后会接受我们的想法，进而采取我们建议的行动。吸引注意的视觉图像和引发共鸣的故事情节自然是沟通的绝佳利器。

比较让人眼睛一亮的是作者特别标举“说真相”是首要原则。这点或许是许多能言善道者是否经得起检验的标准。诚如丹·罗姆所说:“我们的目标很简单——帮助别人看见我们所看见的事。”如果它是真相，如果你能学会用图说故事传达这个真相，人们自然乐于倾听。

更棒的是，无论是具体的事物或是抽象的概念，你都可以用很简单的圆圈、方块、箭头等说明一切的来龙去脉。只要你愿意花时间了解听众，也清楚自己想把听众带往何处，你就可以选择适合的故事路线，运用适当的视觉元素，引领听众前进。

上台发言没那么可怕，那应该是很有趣的事，美国幼儿园老师常为了制止小朋友在展示与介绍时带太多大玩具而伤脑筋。下次提案或是会议报告时，不妨转换心态，用一种参加“展示与介绍”的心情，带着你心爱的创意或梦想，满怀热情，愉快地上台发言吧。

非凡简报法

要取得个人或职业上的成功，最重要的是要能够公开分享你的想法。虽然如此，大多数人还是非常畏惧公开演说。人们花时间听你说话，是为了得到能帮助他们变得更好的真相。换句话说，你得用图说故事来传达真相，让他们相信你的说法并采取你建议的行为。就这么简单！

要进行一场绝佳的简报，你必须遵守的原则其实只有 3 项：

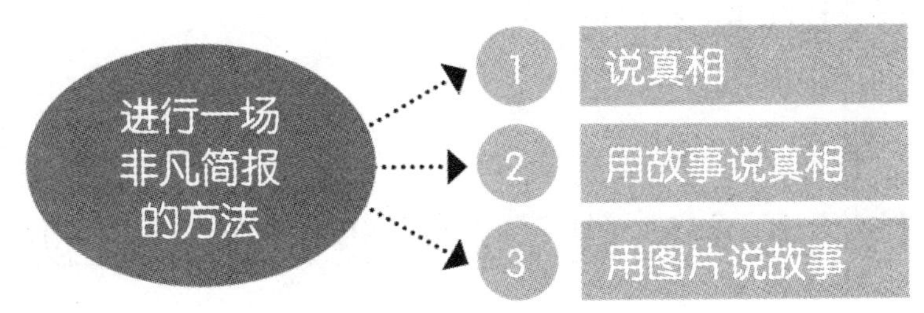

那么这种方式为何有效呢？

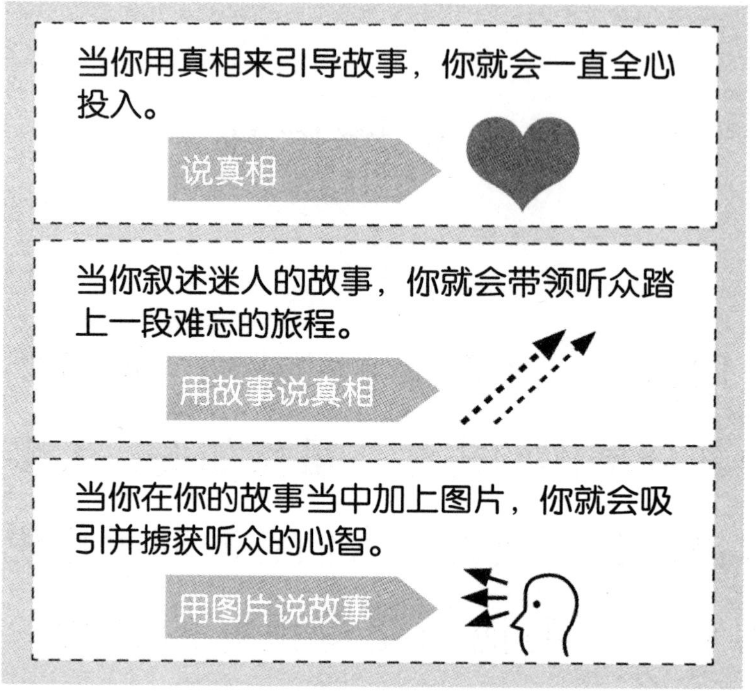

关键思维

如果我要告诉你真相，就会通过一则故事来告诉你。而且如果我用图片来说这故事，我就能够让你紧黏在座位上。

——丹·罗姆

清楚的故事路线是对抗混乱的最佳防卫。它们迫使复杂的故事屈服到足以被驯服。

——丹·罗姆

一　说真相

当谈到基本原则时，简单的事实是：如果你的简报能够让听众变得更好，它就会被认为是非凡简报。唯一能够让人们改变的就是真相，没有比说真相更能快速建立信任的方法了。如果你真想要影响人们，就要忘掉花招而坚持真相。

要感动人们，你必须告诉他们真相。耍花招或说废话是最快速失去听众的方式。要让人们去做某件事或是要他们有所改变，首先你必须给他们毫无掩饰的真相。虽然如此，真相还是分为3种不同的类型：

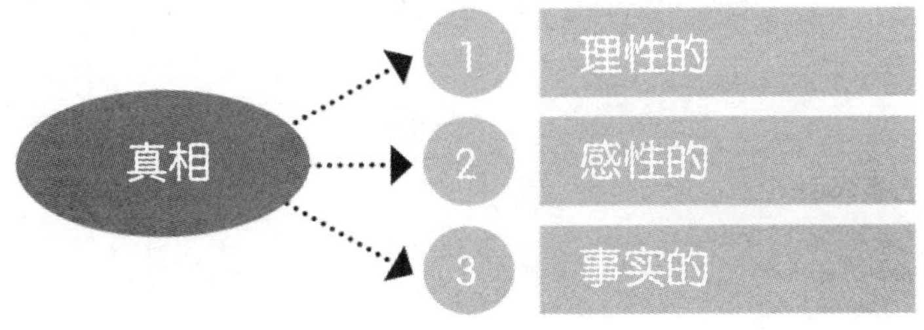

◎事实的真相以资料为根据——“这杯子装了一些水，是由空气和 H_2O 构成。”

◎感性的真相是你个人相信的事物——“这个杯子是半满的！”

◎理性的真相是你能够更深刻思考的事物——“乐观主义者会把半满的杯子当作是未来希望的来源。悲观主义者则会带着绝望看待半满的杯子，因为它并没有被斟满。”

请注意，以上这3种真相都是正确的。事实的真相最容易验证，因此也最快被接受。然而我们相信的事物，其重要性会高于未加工的事实。而让我们心灵感动的事物，则会驱使我们做不一样的事。

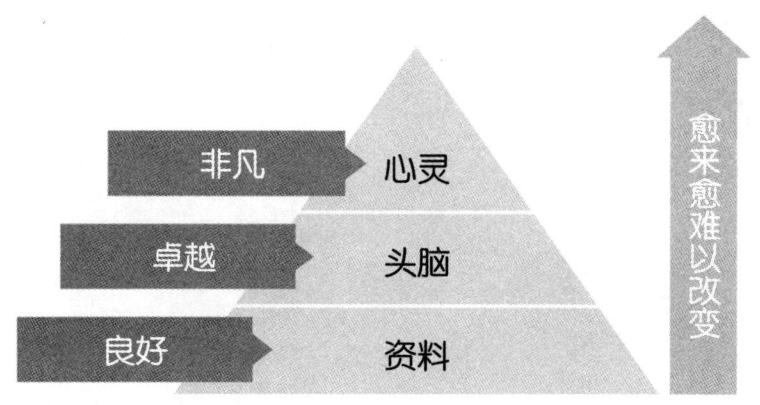

◎良好的简报是和听众分享新资料，让他们得到更多信息。

◎卓越的简报会改变听众知道的事。它们可以培养新的信念。

◎非凡的简报会改变听众相信的事和他们未来的行为方式。

记住这些，于是每一场简报的起点都一样：

对于这项议题，
针对这群听众以及根据我的背景，
我应该说什么真相，
才能让他们相信并且在未来
采取不同的行动？

一旦厘清并详细说明自己想用简报达成的目标，你就会站稳脚跟，可以开始把简报要用的材料填入3个桶里。

在规划简报时必须记住的不变真理是：

◎没有人想要被告知应该做什么。你必须设

法和听众通力合作，以此让他们以为要变得更好是他们自己的主意。

◎你确实希望听众享受你说的内容并受到吸引，但是他们最后怎么做才是真正的重点。

◎简报的整个重点就在于鼓励人们进行改变。这就是简报的全部目的。

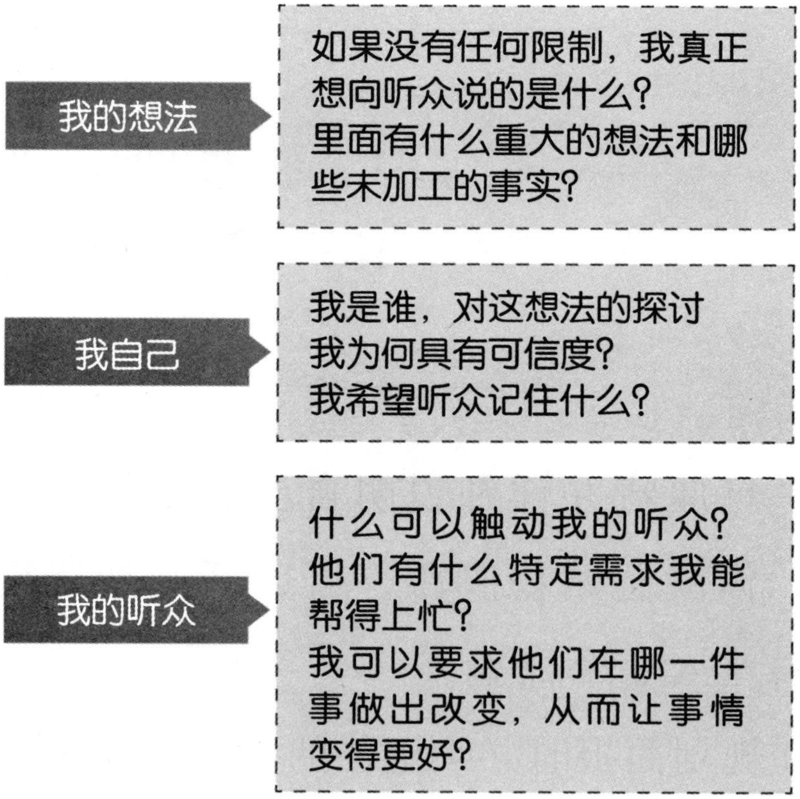

如果只说真相，你就不用记住任何事。

——马克·吐温，美国小说家

用真相引导，心灵自会追随。

——丹·罗姆

身为简报者，我们的目标很简单：帮助别人看见我们所看见的事。要做到这件事，我们会娱乐、教育、说服、鼓舞，然后到最后改变我们的听众。换句话说，我们要创作并进行一场报告、说明、推销或故事，它是如此迷人，以致听众会想要用我们的方式来看待事物。就这么简单。

——丹·罗姆

二　用故事说真相

如果你用迷人的故事来引导，就会让听众对你产生了解。环绕清楚的故事路线来打造简报，你就会带领听众和你一同踏上一段旅程。卓越的简报会贯穿一则故事，它有清楚的开场白和决定性的结束点，表明你想把听众带领到多远多高的地方。

简报有许许多多不同的类型：

◎你可以用简报提供新颖的信息——季度报告、财务摘要及会议进度等等。

◎你可以进行简报训练，用来教导并强化听众在某个领域的技能。

◎你可以利用简报或推销来改变听众的行为。

◎你或许会被要求进行一场简报来启发或鼓励其他人。

以上每一种简报都相当特殊且各不相同。然而它们都具有一项共通之处，这正是所有成功简报的支柱——清楚且毫不含糊的故事路线。

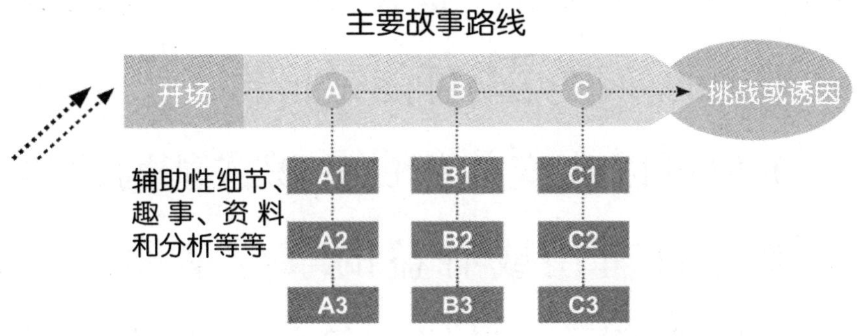

好的简报要快速进行。它们开场强劲而结尾有力，运用一个主要故事路线来提供架构和连贯性。你要在简报中指出关键和重点，接着再添加任何必要的辅助性想法、资料和趣事来说明这些重点。

有效的简报总是以某种方式感动听众——也就是当简报结束时，听众会产生不同的感受或行为。好的简报会激发更好的改变，而不是让人浪费时间和精力。

进行简报的目的就是感动听众。当你停下来思考这件事，达成目标的方法其实只有 4 种：

（1）你可以改变他们拥有的信息——方法是对他们已经知道的事项提供新资料。如果你想这么做，正确的简报类型可能是报告。

（2）你可以改变他们的知识或能力水准——方法是就某件有用或有益的事分享你的卓越见解。在这种情境下，最好的简报类型应该是某种形式的说明。

（3）你可以改变他们的行为——方法是说服他们使用、尝试或购买某种不同的东西。在这里应该采用的简报是推销。

（4）你可以改变他们的信念——方法是鼓励他们去了解关于他们自己或世界上的不同事物。对于这种状况，如果你使用充满戏剧性的故事路

线，其中包含某个他们关心的人从不相信变成相信的情节，你就更有可能成功。

1. 报告

在你想让听众取得更多信息时采用，方法是改变他们拥有的信息。

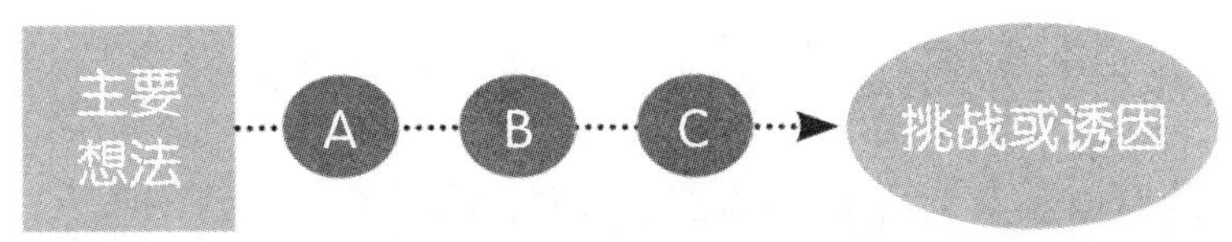

进行报告的挑战在于将你的资料变得生动，这样它才会便于记忆。如果能够用活力十足的方式传达这些事实，你的听众就会得到卓越的见解，然后他们就会关心正在讨论的事项。

在报告中将资料变得生动的最佳方式是添加一些图片，它们会帮助听众想象你在说的内容。在规划这件事时，可以使用“6 向思考”的方法。

“6 向思考”认为每一个人都倾向把想法、问题或故事分解成 6 个必须回答的问题：

1	何人或何物牵涉其中	?
2	我们讨论的数量是多少	?
3	我们目前位于何处	?
4	事情什么时候发生	?
5	我们该如何处理它	?
6	我们为何在这里	?

如果把这6个问题的每一个答案都引进视觉元素，你的报告就会变得更有活力并且好记。注意，顺序并不重要——你可以从看来最迫切的问题开始。只要你在整场报告中回答了全部6个问题，就会产生效果。大多数状况下，“何人与何物”或“为何”对于报告形式的简报，是比较符合逻辑的起点。

每一个问题的建议使用视觉类型是：

◎对于你的“何人/何物”幻灯片，使用的图片要显示各种不同选项是如何组合。

◎对于“多少”幻灯片，用图表显示关键变

数的变化是个好主意。

◎对于“何处”幻灯片，地图是绝佳方式，因为它们能够显示解决方案的位置。

◎对于“何时”幻灯片，一份好的时间轴线会有澄清作用并带来光明。

◎对于“如何”幻灯片，表示因果关系的流程图则能完美适用。

◎要说明“为何”的答案，好的做法是使用一张含有图像或程序的幻灯片，用它来描述你故事的涵义。

1	何人 / 何物	→	画像图片
2	多少	→	图表
3	何处	→	地图
4	何时	→	时间轴线
5	如何	→	流程图
6	为何	→	图像方程式

一场好报告最重要的特质就是，说一个会改

变听众信息的真实故事。只有在听众看见一种他们从未见过的东西时，才有可能产生效果。好的报告形式就像是收听一场大型运动比赛转播。评论员带着热情播报，让这场比赛令人难忘。如果你能运用类似方式，你的报告就会精彩。

如果一定得采取报告形式，就用你的图片提升听众的投入程度。让事实易懂、有见地并且好记。

2. 说明

在你想让听众知道如何做，并准备以此改变他们的知识或能力时使用。

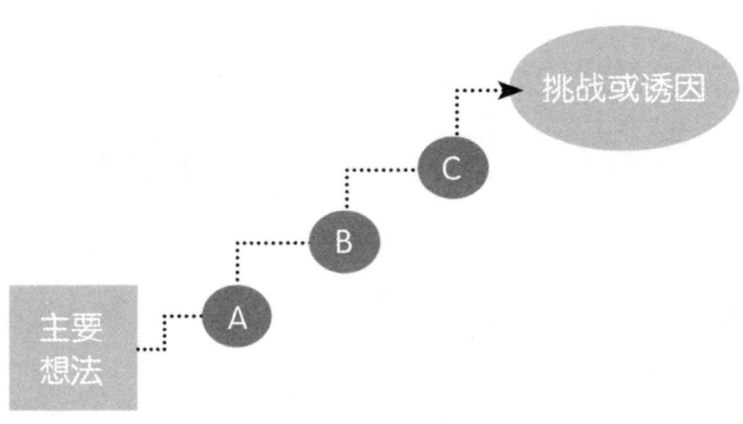

生活中到处都有说明——训练课程、自助研习、销售训练甚至一些法律审判。你可以提供一些卓越见解，改变听众的知识和能力。通过展示一种新的做事方法，你带领他们到达全新的了解等级。

说明的关键是采取一些符合逻辑的小步骤，而且每一步骤都会导向下一步骤。你要事先建立一份路径图，这样听众才知道你要往哪里去，同时你还要沿路设置路标。提供检查点是好做法，听众可以借此验证他们目前的进度，并感觉自己正要到达某个好地方。

通过说明，你想做的是提升听众的知识或能力水准。如果该能力够简单明了且可以练习，够实际且可以应用，它就能帮你大忙。如此你就能够确切分辨听众是否已经取得此能力。

说明的有效次序是：

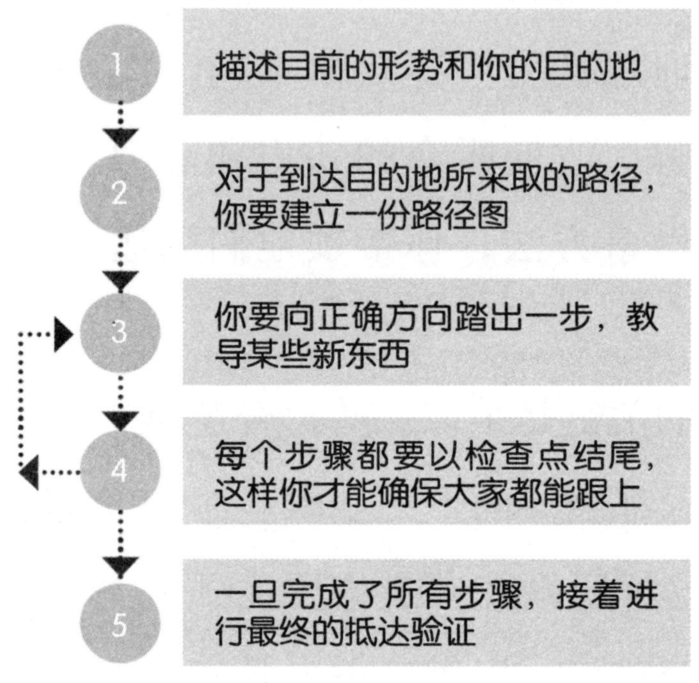

关键思维

无聊的议题是不存在的，只有无聊的教导，任何主题都可以因为变得清楚明确而令人着迷。将复杂事物分解成个别步骤，然后再一个接一个地把这些步骤重新结合起来，主题就会清楚明确。

——丹·罗姆

注意，说明的魔力来自于旅程。当你进行这一旅程，并根据众多的检核点结合那些步骤时，那么协助听众把某件事做得更好就是完全可行的。

如果要在报告和说明这两种简报方式中做选择，应该选后者。对于听众来说，说明比较有活力且有趣，因为它包含亲自学习的环节。当听众参与其中时，他们就会对其有所了解，而不只是取得信息。因此，说明比较能够产生难忘且活力十足的效果。

还要记住在教导时加上一些图像。如果你要使用 PowerPoint 幻灯片，每一张幻灯片最好只表达一个想法，再加上一张能够说明你所说内容的图片。理想的 PowerPoint 幻灯片就像这样：

- 标题
- 图片或图像
- 简短说明文字
- 没有其他东西

应注意，如果你要解释一个复杂的想法，最好把它分解成数张幻灯片，不要用一张大杂烩幻灯片包含所有一切内容。如果运用一连串幻灯片说明想法，这就可能成为一种有活力、有趣并有效传达重点的方式。幻灯片可以事先只做好一部分，等说到时再加上最后几笔让它鲜活起来，这样可以增添另一种专业性和魅力。

3. 推销

希望改变听众行为时采用，方法是先提障碍再提解决方案。

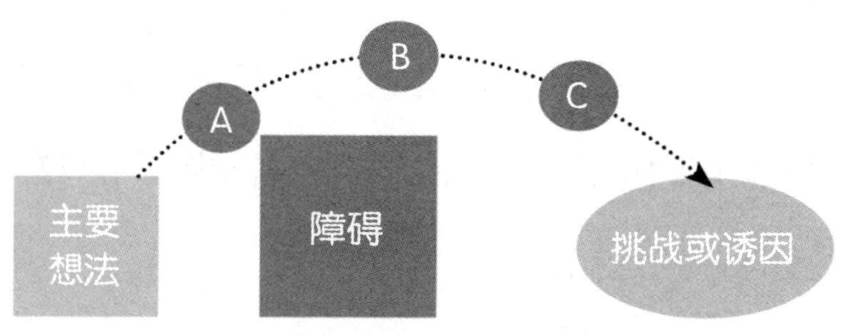

推销是先强调某个障碍再提出解决方案。推销包含了说服。运用推销，你想做的是让听众采取某

些具体行动——买东西、捐献或提供协助等等。推销的目标是取信于听众并激励他们采取行动。

过去大多数推销都是强硬手段，如强力成交或卖力销售，但这种方式已经不再奏效。在当前的商业氛围下，如果能和听众一起找出让大家觉得舒适的解决方案，你就会得到较高的影响力。要和他们一起做，而不是煽动他们去做你建议的事。

推销的好处是，这样的故事路线可以同时传达问题的急迫性和建议解决方案的明确性。如果方法正确，你就能让听众立刻行动。推销可以导致坚决的行动。

让推销有效的真正秘诀，就是说服听众相信你们有同样的背景。除非他们确信你能体会他们的问题而且能设身处地为他们着想，否则他们并不会认真思考你的提议。如果你渴望出售一份解决方案，你就必须真正亲身了解并体会方案能解决的问题，这样才能有来自第一手的经验。

推销的有效顺序是：

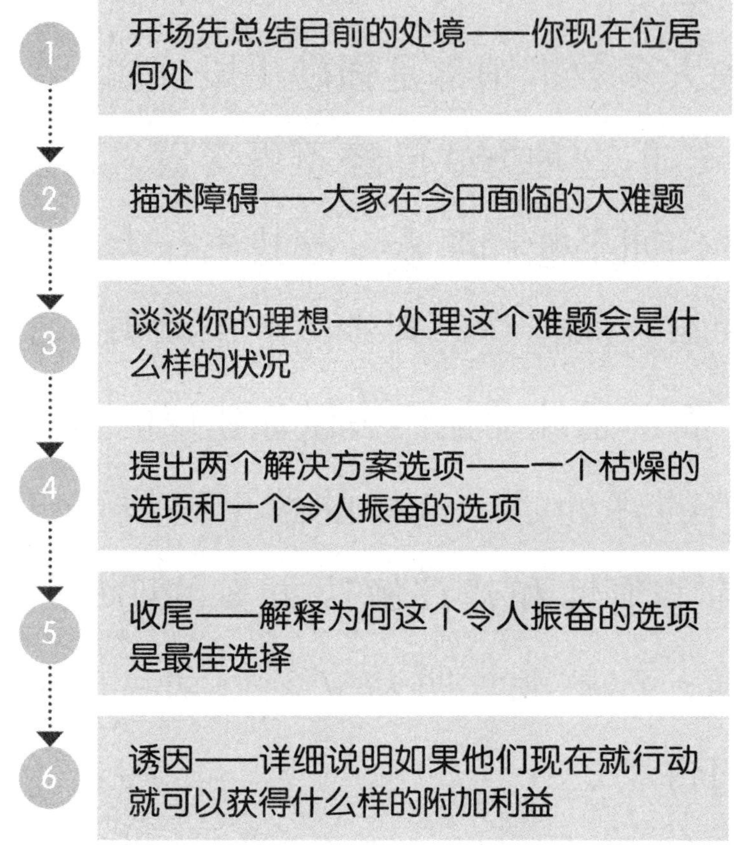

所有简报和故事路线其实都是在推销某种事物。报告“推销”新信息，说明“推销”新能力和新技能，戏剧“推销”感情。至于推销，则首先就把推销当成简报的主要理由。只要你开始时就足够坦率公开，这样也无妨。

同样，你也要努力引进及使用一些图片来说明重点。

关键思维

推销最重要的特质就是，让听众尝试新事物。但大多数状况是，真正的“新”事物其实是人们最不想要的东西。这正是对问题不熟悉的人几乎不可能售出解决方案的原因：听众能够察觉我们说的并不是真相。如果想要出售解决方案，首先我们必须真正了解问题。

——丹·罗姆

不论选择哪一种故事路线，它都是用来将我们的内心连接到听众经验的引导绳。身为简报者，我们的任务是让这条路线保持紧凑和通畅。我们的故事路线强健，但有时也会断裂。那时我们就会失去听众。

——丹·罗姆

4. 戏剧

在你想带领听众步上一段史诗旅程，并准备以此改变他们的信念时使用。

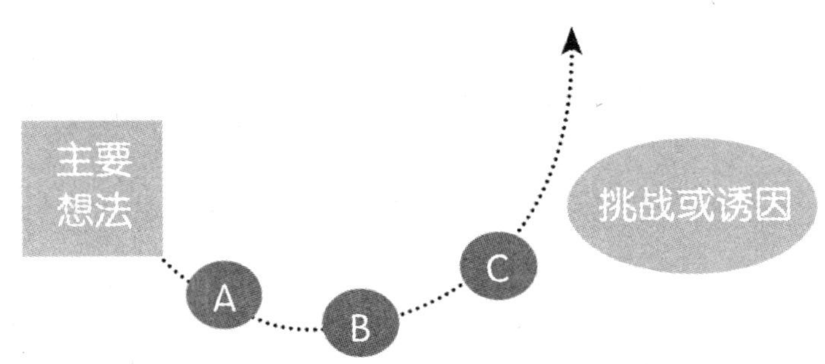

好的戏剧会先让你心碎再加以修补。它是一段心灵旅程，让你笑、让你哭，然后到最后得到某种启发。采用戏剧的故事路线，目的是为了改变听众的信念——帮助他们用不同方式看待世界、成为更好的人或更有同情心等等。

从圣经故事到希腊神话、印度奥义书和非洲传说，有史以来的所有一切戏剧都采用相同的经典架构：

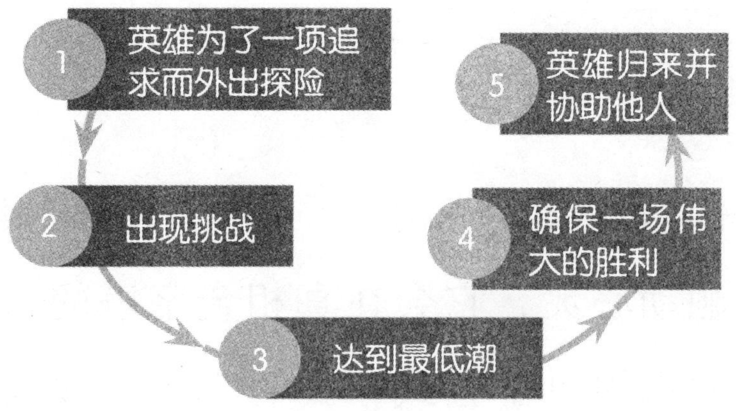

关键思维

戏剧就是把冒险、神话和人生教训融为一体。戏剧是所有简报的祖先。如果我们的戏剧简报在说一则真相，并遵循这个经典架构的某种变化形式，我们的听众就不能不被感动。

——丹·罗姆

乍看之下，你会以为戏剧在商业简报中没有容身之处，但这是错误的。如果能为自己的故事路线添加一点点戏剧成分，你的听众就会爱上它。当你尝试说服别人大步跃进时，这可能会是一个关键的差异因素。

我们做不出比戏剧更强更有力的简报。因为戏剧会触动心灵，它会在真相金字塔的顶点引起共鸣。如果用对了方式，我们激起的改变将会永久持续。

——丹·罗姆

好戏剧的故事路线是：

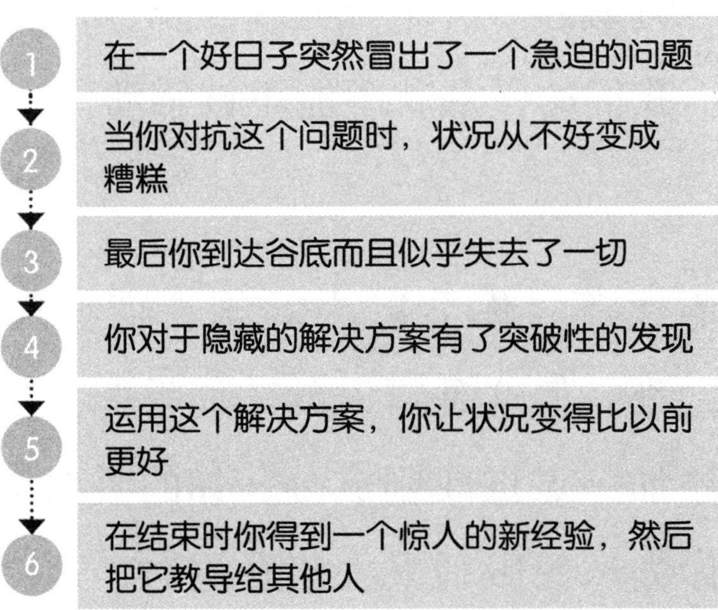

三　用图片说故事

当你通过视觉来引导故事时，思想自然会跟着视觉走。如果你让听众看有趣的事物，他们就会专注于你说的事。为了让听众保持投入，你要用到许多影像图片。展示与说明想探讨的内容，那么你就能创造想得到的回应。

关键思维

脑部处理视觉的部分，比处理包括语言在内的其他任何已知功能都还多。人脑中用于视觉的神经元，比用于其他所有感官的总和还要多。

——里欧·查鲁帕博士，乔治华盛顿大学教授

从某个角度看人类，我们只不过是会走路、

会说话、能处理视觉影像的机器。眼睛每天处理数量惊人的视觉影像，我们的视觉心灵永远都不睡觉。这就是你的心灵在一场节奏缓慢的简报中会四处遨游的原因。身为简报者，避免这种现象的最佳方式，就是给听众提供一大堆有趣且迷人的图像。

视觉图像至少有 3 种不同类型：

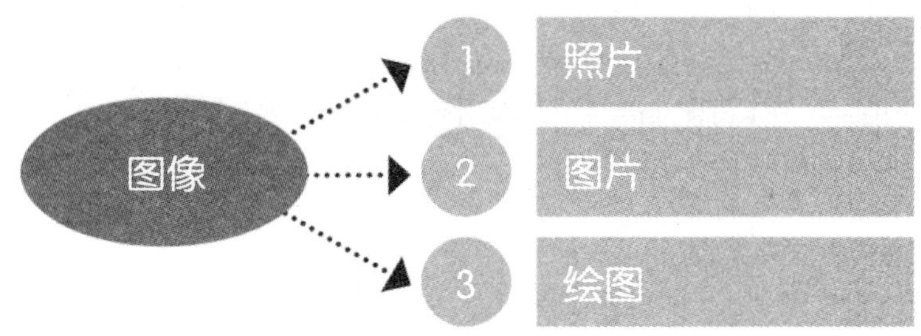

◎照片的效果不错，在网络上也容易找到，但它们未必能精确呈现你想表达的重点。照片也可能会让听众分心，尤其是出现俊男美女的时候。

◎图片的效果很棒，也可以运用许多现成的工具制作。缺点是，它们可能很快就变得太复

杂，而且也可能会被认为冰冷不带感情。

◎简单的线条图通常对简报具有最佳效果。这种图只需很短时间就可创作，并且可以精确呈现你想表达的内容。绘图温暖且迷人，因为它们带有人情味。

要把视觉图像和你所说的内容搭配起来，就要回到6向思考法：

1	何人／何物	→	画像图片
2	多少	→	图表
3	何处	→	地图
4	何时	→	时间轴线
5	如何	→	流程图
6	为何	→	X－Y坐标图

以下依序说明这些方式：

（1）何人／何物

当你想用视觉图像来描述何人或何物牵涉其中时，你要描述的是人、物或事。你要尽可能画出最简单的图像来代表这些元素。

利用简单的形状代表何人和何物。只要你能画出方形、圆形、三角形、线条或随意形状，你就能结合这些元素，画出所需要的几乎任何事物。

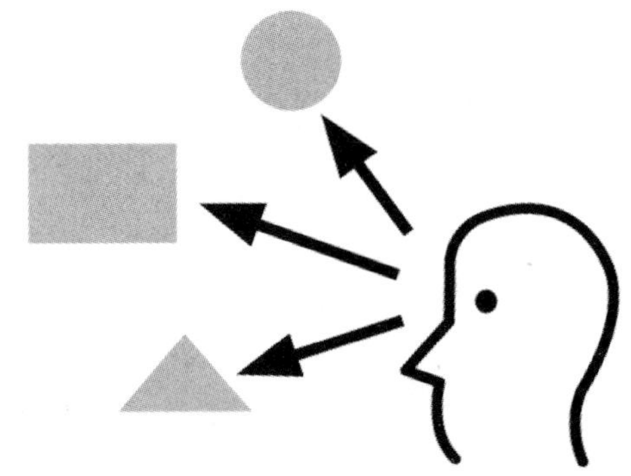

（2）多少

当你想用视觉图像表达“有几个”或“有多少”的重点，图表是很有用的，它可以突显资料所呈现的任何趋势。

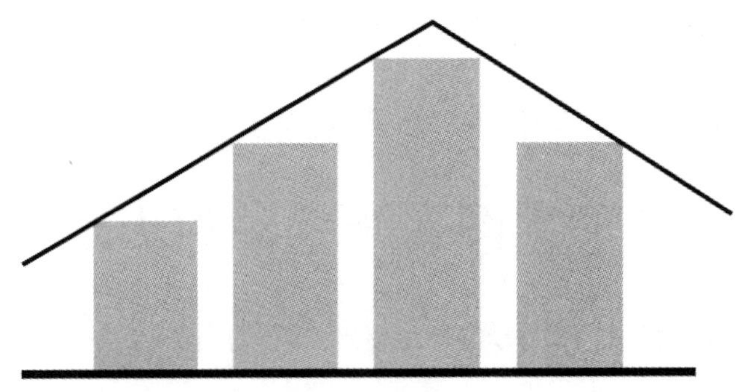

当有一大堆想要澄清及讨论的量化资料时，图表是最理想的形式。让资料自己说话，是消除任何情绪性争议或误解的好方法。

（3）何处

要描述地点、位置或重叠的状况时，一份简单的地图会产生好效果。运用地图，你可以快速突显相对位置，显示你的环境，并且把一大串变数加到视觉脉络当中。同样的，简单的线条图也很适用于地图。

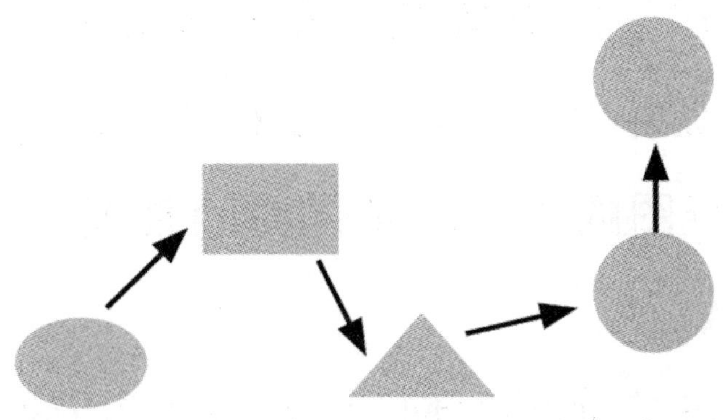

对于辨认形势以及你的产品或服务在更大市场中的相对处境，地图具有绝佳的效果。你也可以为地图加上网格，以呈现人、物或想法之间的

相对关系。地图是绝佳的视觉简报工具。

（4）何时

描述时间议题、序列或次序时，可以用时间轴线呈现。流程图就是时间轴线，一长串事件被加进较大的脉络当中。

时间轴线很容易建立。你只要先规划好里程碑目标，把它们放置在一条从开始到结尾的时间顺序轴上就可以了。你可以采取如流程图、生命循环或甘特图的方式，架设时间轴线。

（5）如何

要说明某件事如何发生，你可以考虑使用流程图。它对于因果关系、前后程序或者以视觉图像呈现现金流、信息流、影响流或其他因素的流动，都具有绝佳的效果。流程图也能够显示某件

事物为何会中断。

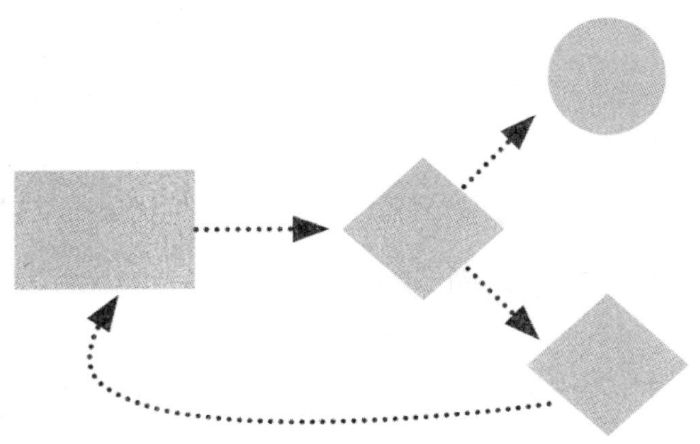

要制作一份好的流程图，先在一张纸的左上角画出第一步骤，然后在右下角画出最终步骤。接着在第一步骤和最终步骤之间，画出相关步骤。必要时不断审视并修改你的流程图，直到它顺畅且合乎逻辑。

（6）为何

“为何”之类的问题，通常会在你描述故事的涵义或简报的重点时产生。

从头到尾审视一遍你整个的简报，厘清你想要让听众记住的“一件事”，这样做是值得的。接着你再浓缩这项卓越见解或教训，使之变成一个简单的方程式。这个方程式可以是用数学运算符号连接的图像式物件。

对每一场简报，你几乎都可使用这6种图像。唯一要做的就是修改细节和形式以配合不同的听众。把图片放到你简报中的方法是：

◎可以画在纸上，用智能手机拍下来，然后用电子邮件发给自己。

◎在平板电脑或具有绘图功能的笔记本电脑上，使用绘图软件画出你要的东西，再把这些材料整合到简报中。

有一项技巧对简报具有非凡的效果，即事先画好大部分图片，然后你在进行简报时现场加上最后几笔让它鲜活起来。这样做的结果是听众会全神贯注于你所说的内容。

即使你不会画图，也有许多软件可以使用。甚至也能用Excel来绘制简单的图表，让你可以在简报进行当中协助人们想象你所说的内容。

关键思维

理想的图片就如同简练的词句一样简单。它会进入我们的眼帘，然后诉说一个故事。虽然它本身不会吸引太多注意，但它能让一个想法的精髓立即呈现出来，如此而已。

——丹·罗姆

要进行一场非凡的简报，你必须克服内心的紧张和不安。人的心理状态是复杂而多变的，一端是想到要进行公开简报而感到困窘，另一端是居家时的轻松自在，每一个人都处在这两端之间的某一点。进行简报时，克服内心的紧张和不安的两个关键是：

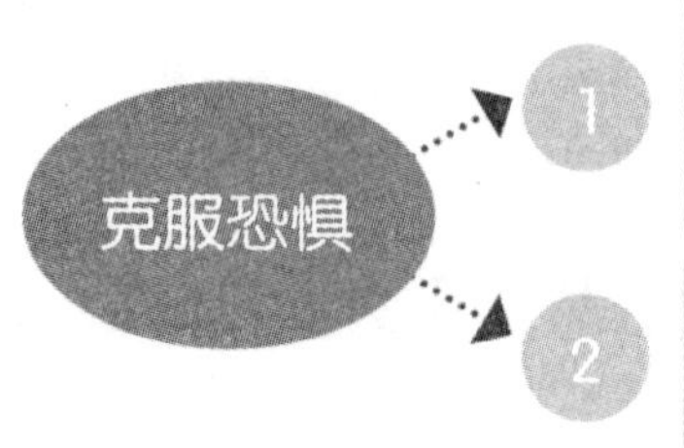

规划——理清你的关键想法、你要使用的故事路线和视觉图像

练习——要实际排练，借此增长你的自信

◎规划会消除你的担忧。一旦接到简报任务，你就要开始描绘关键要素。辨别你想传达的那“一件事”，选择故事路线，千锤百炼打磨好，并且加入适当的图片和视觉图像等其他成分。不断持续进行，直到你对要说的内容和说明的方式觉得轻松自如为止。

◎练习会消除你的恐惧和焦虑。你要在类似简报进行场所的房间里，进行一次实际简报排练。从如何走上讲台一直到如何退场，所有的环节你都需要练习。第一次排练可能会有一点缺憾，你要有足够时间进行 2 次或 3 次的完整演练，到最后就会放松下来。

如果已经做好妥善的规划和准备并通过完

整的练习巩固一切，你就是真正做好准备并感到轻松，时间一到便能上场。只需记住要呼吸，并告诉自己享受简报的过程。

专业简报人员运用一些秘诀来进行世界级简报，这些秘诀包括：

◎简报当天，你在淋浴时把完整叙述全部的内容当做热身。扼要说明你的重点，并牢记这些重点。

◎当你到达现场时，向一些听众介绍自己并轻松聊一下天。和他们闲谈，并分享一些有趣的故事。

◎就在你踏上讲台之前，大声说出你的开场白。听自己说话会有不错的效果，而且还能帮助你感觉到内心油然而生的自信。

◎在简报的头两分钟你要冷静并逐字念稿。顺着你的脚本走，避开任何会妨碍你的东西。确实了解你用来开场的故事以及你要如何述说它。

开场白顺利的话，接下来你自然就会比较放松。

◎绝对不要一开场就为自己的紧张表示抱歉。听众并不知道这一点，你何必提醒他们呢?说一则连自己都觉得好笑的故事，这保证也会让你的听众笑起来。

◎要知道，台上的时间历程是不同的。不知不觉中你就会说得太快。你觉得自然的速度，对听众而言可能就像是疯狂急奔，似乎急着让简报赶快结束。站在台上，你记得要微笑、放松、呼吸、放慢脚步，善用你的时间。

◎使用你觉得自在的简报方式。如果你是个风趣的人，就说说笑话；如果你是个严肃的人，顺应这种风格；如果你是个安静的人，就这样子自然表现。让简报配合你自己的个人风格，它就会产生更加非凡的效果。

◎在听众中寻找一些熟悉的面孔——或许是你稍早拜访过的人，然后向他们说话。注视每一

位听众，并经常示以微笑以营造良好感受。

记住，听众是投资了他们人生的一部分来听你讲演，所以要给他们一次难忘的记忆。把你脑袋中的最佳点子拿出来，用难忘的方式传达给听众。听众会在你所说的内容和一举一动中找出真正的魔力，他们会欣赏这种做法。

关键思维

我很少用文字思考。我的视觉图像必须很辛苦地转译成传统的语言和数学用语。

——爱因斯坦，现代物理学之父